LA FRESQUE DU CLIMAT

Comprendre les enjeux climatiques
pour agir

Julie Nicolas | Julien Jean-Pierre
Cédric Ringenbach

LA FRESQUE DU CLIMAT

Comprendre les enjeux climatiques pour agir

Pearson

Avertissements

Les cartes de la Fresque du Climat sont régies par la licence CC BY ND. Leur reproduction est autorisée, sans modification aucune.

Les QR-codes disponibles tout au long de l'ouvrage renvoient vers des URL appartenant aux sites hébergeurs. Les éditions Pearson France ne sauraient être tenues responsables d'un quelconque dysfonctionnement ou d'un changement intervenu dans une URL.

Édition : Delphine Galtier

Mise en page : IDT (Johanne Fontaine)

Couverture : Carl Brand

Illustration de couverture : Warming Stripes, Globe 1855-2022 © Ed Hawkins, University of Reading, CC BY 4.0 DEED, https://showyourstripes.info/

Portraits de quatrième de couverture : Julien Jean-Pierre : © Elsa Georgelin ; Cédric Ringenbach : © Blue Choice

Publié par Pearson France
2/12 rue des Pirogues de Bercy
75012 Paris

ISBN : 978-2-7440-6853-9

Dépôt légal : juin 2024
Achevé d'imprimer en mai 2024 par GraphyCems, Espagne.

SOMMAIRE

TABLE DES TÉMOIGNAGES

PRÉFACE

par Heïdi Sevestre,
glaciologue

© ChangeNOW

Je suis souvent portée à dire que la science ne peut avoir d'impact si elle n'est pas communiquée. En tant que glaciologue, ma principale préoccupation aujourd'hui est de diffuser les connaissances scientifiques au plus grand nombre. Il n'y a aucun doute que ces dernières années j'ai assisté à un avant, et un après-Fresque du Climat.

Mon premier contact avec la Fresque du Climat fut un rendez-vous manqué. À la COP25, la conférence du climat à Madrid en 2019, je croise la route de Cédric Ringenbach, l'auteur de la Fresque. À l'époque, je travaillais pour une ONG américano-suédoise, l'International Cryosphere Climate Initiative. Nous avions la charge du premier pavillon scientifique des conférences du climat, le pavillon de la cryosphère. Nous avions pour objectif de fournir une plateforme permettant aux scientifiques et aux décideurs politiques d'interagir, de partager leurs connaissances et leurs moyens d'action. C'est alors que Cédric, entouré d'une jeune équipe dynamique, m'a proposé de les rejoindre et de participer au premier atelier Fresque du Climat des COP. Faute de temps, et certainement par manque de conscience de l'importance du moment, je rate cet atelier historique. J'apprends le lendemain que Valérie Mason-Delmotte, experte mondialement reconnue du climat, à l'époque encore présidente du Groupe 1 du Giec et poids lourd incontestable de la communication scientifique, elle, a eu le flair de dégager du temps pour l'événement. Mon premier contact avec la Fresque fut donc un moment de FOMO (*Fear of missing out*, ou peur de rater quelque chose) intense. Je me rattraperai quelques mois plus tard, de retour en France.

Je réalise vite à quel point cet outil est une merveille de communication scientifique, un allié indiscutable qui permet à chacun, sous la bienveillance de l'animateur, de comprendre notre système climatique. Un tour de force qui ne demande aucun prérequis scientifique. En quelques heures, pas à pas, on prend conscience que notre futur dépend des calottes polaires, que les énergies fossiles sont responsables du changement climatique et que celui-ci risque d'engendrer des conflits plus fréquents et plus violents. Là où les rapports scientifiques sont indispensables pour synthétiser les dernières données, la Fresque, quant à elle, nous fait ressentir la science dans nos tripes.

Mon déclic, après la Fresque, fut le tour des émotions ressenties par mon groupe. Pas simple mais si nécessaire d'ouvrir son cœur et d'oser exprimer ses émotions en public, chose peu encouragée dans le cadre académique. Parler de nos peurs, de nos frustrations, de nos inquiétudes pour notre avenir et celui de l'humanité mais, surtout, ne pas s'arrêter là. La Fresque nous prend la main et nous met sur le chemin des solutions. Comme le dit Robert Swan, explorateur polaire : « La plus grande menace pour notre planète est de croire que quelqu'un d'autre la sauvera. » Et en quelques heures, nous comprenons tous que nous allons être indispensables à la lutte contre le changement climatique.

Il me faudrait bien plus qu'une simple préface pour lister les forces de la Fresque du Climat. Elle brille par son humanité, rayonne par sa bienveillance, son aspect émotionnel, son intelligence collective et son action. Elle est simple, créative, visuelle et rigoureusement scientifique. Autant j'ai du mal à recommander la lecture de ma thèse de doctorat à mes proches, autant la Fresque est un outil dont nous savons qu'il plaira à notre entourage et qu'il fera mouche. L'outil stimule les discussions. Il rassemble plutôt qu'il ne divise. La Fresque dépasse la simple sensibilisation au climat ; elle est un kit de survie pour mes proches. En passant, finis les dîners en famille gâchés par l'oncle Jean-Michel, le climatosceptique de service.

Ce qui est remarquable, c'est que la Fresque crée du lien social en parlant d'un sujet « clivant » comme le climat. En se regardant dans les yeux, en tâtonnant avec les cartes, en dessinant des connexions entre les causes et les conséquences, on construit ensemble. Alors oui, pour certains, la Fresque est un mur que l'on prend de plein fouet en comprenant enfin les enjeux climatiques. Pour d'autres, c'est un puzzle de connaissances qui s'assemble comme par magie sous nos yeux. Mais pour tous, elle est le déclic qui incite à l'action, à notre niveau, à notre échelle. Elle nous interpelle sur les gestes individuels et collectifs, sur notre impact. Elle réussit à déclencher une réflexion sur notre rôle. En investissant trois heures dans cet atelier, sans le savoir, nous investissons dans l'avenir.

La Fresque est bien plus qu'une base, c'est désormais une référence. Les chiffres parlent d'eux-mêmes : bientôt 2 millions de participants répartis dans plus de 160 pays.

Aujourd'hui, lors de mes interventions, j'ai la chance de rencontrer des femmes et des hommes qui sont en première ligne de la lutte contre le changement climatique, que ce soit dans leur commune, leur entreprise, leur école ou leur université. Et sans exception, deux points communs les rassemblent : un désir irrépressible d'agir, et bien sûr, la Fresque du Climat. La communauté des fresqueurs est en train de transformer notre société pour le meilleur.

Autrefois, je commençais toujours mes conférences en interrogeant le public sur son niveau de connaissance du changement climatique. Aujourd'hui, c'est plus simple, je demande simplement à mon auditoire s'il a déjà participé à la Fresque du Climat. Un moyen efficace de savoir si les fondations sont là, et ce que nous allons pouvoir construire ensemble. Et j'ai à cœur de rencontrer les fresqueurs. Quelle source d'énergie ! J'aime entendre leurs histoires, leurs parcours jusqu'à la Fresque. Pour certains, la Fresque est devenue bien plus qu'un outil ; c'est le cœur de leur travail, voire leur gagne-pain. Quand j'observe l'impact positif de la Fresque, cette citation se rappelle à mon souvenir : « Seul on va vite, ensemble on va plus loin. » Ensemble, cette vague irrépressible élève les compétences des différentes composantes de notre société.

J'ai eu le privilège de célébrer à distance le million de participants à la Fresque du Climat. Cette invitation à témoigner m'a profondément touchée. J'étais sur la banquise du Svalbard, à 1 300 km du pôle Nord, près de mon glacier préféré, Tunabreen. Une journée inoubliable, dans un paysage étincelant. Un soleil éblouissant illuminait le bleu de la glace. Les pieds sur la banquise, je me filme pour envoyer un message à la communauté de la Fresque du Climat. Le Svalbard aujourd'hui se réchauffe plus vite que n'importe quel autre point de la Terre. Les glaciers, aussi majestueux qu'ils soient, fondent encore plus rapidement que les pires de nos projections. Mon cœur se serre en pensant à l'avenir de ces masses glaciaires. Mais à l'évocation des fresqueuses et des fresqueurs, je ne me sentais plus seule. Parce qu'aujourd'hui, je sais que, grâce à eux, même à des milliers de kilomètres de l'Arctique, le monde entier prend conscience de l'importance et de la fragilité de glaciers comme Tunabreen. Nous comprenons ainsi la puissance et la vulnérabilité de notre planète.

La Fresque éveille et réveille. Elle est un antidote à l'écoanxiété, une rampe de lancement vers des solutions pour le monde d'aujourd'hui et de demain.

AVANT-PROPOS

par Cédric Ringenbach

Fresque, de l'italien *fresco* (peindre, sur un mur, un enduit frais) d'après *Le Robert*. Par extension, « œuvre peinte d'après ce procédé » ou « vaste peinture murale », ou encore « vaste composition artistique (littéraire) présentant un tableau d'ensemble d'une époque, d'une société ». Les académiciens ne croyaient pas si bien dire !

Car, oui, la Fresque du Climat et ses initiatives amies ou sœurs dépeignent bien notre époque et ses valeurs à la façon des grands maîtres. Si elle assemble toujours 42 cartes, chaque Fresque du Climat est unique car née de l'intelligence collective, des interactions et visions croisées d'un groupe réuni en atelier. L'animateur en est le grand orchestrateur mais il ne produit pas, il est plutôt celui qui, tel Socrate, maîtrise l'art de la maïeutique. Il n'est pas « fresquiste » à proprement parler, mais « fresqueur ». Le travail collaboratif est le fait des « fresqués », ce public nouvellement éclairé, chez qui l'outil Fresque met au jour des connaissances scientifiques bien enfouies et dépoussière les mythes et préjugés climatiques.

De ce point de vue, la Fresque du Climat apporte bien un coup de frais, après avoir gratté des couches sans cesse plus épaisses de climatoscepticisme et de technosolutionnisme, sa forme moderne et plus pernicieuse.

Mais avant tout, laissez-moi vous raconter comment ce livre est né. Quand nous nous sommes rencontrés, avec Julie et Julien, je rentrais tout juste d'une expédition montée par Benoît Marienval (chapitre 2) et Anastasia Dereppe (chapitre 5) en Suède. Ils avaient embarqué une vingtaine de fresqueurs pour assurer une animation lors d'un séminaire d'entreprise. Au fil de notre voyage en train, nous avons décidé de nous arrêter pour rencontrer les fresqueurs locaux. Nous avons ainsi passé une journée et demie à Copenhague, puis à Stockholm, pour prendre le pouls de la ville et animer des ateliers, donner des formations et en profiter pour valider des grades (voir le parcours du fresqueur dans le chapitre 2). J'ai alors pris conscience de l'importance de ces échanges entre « canal historique » et nouveaux venus. Cette expédition, qui ressemble d'ailleurs à ce qui se passe quand nous participons aux COP, est – je l'espère – la première d'une longue série : ce format crée, comme nul autre, du lien entre les membres de la communauté.

Avec mes deux coauteurs, nous avons donc très vite eu envie de donner la parole à celles et ceux qui font l'histoire de la Fresque : les pionniers, celles et ceux qui ont apporté quelque chose de significatif au projet ou tout simplement les volontaires qui souhaitaient témoigner. Autant de « tranches de vie » qui reflètent l'esprit du projet. Car cet ouvrage est avant tout un passage de relais, une transmission de connaissances : la flamme des origines est désormais entre les mains de ceux qui viennent de rejoindre l'aventure ou hésitent encore à le faire, charge à eux de l'entretenir et de la nourrir.

Ce livre s'adresse aussi à tout lecteur désireux de comprendre le phénomène de la Fresque, pour se lancer, s'en inspirer… Si la recette a fonctionné ici, elle est transférable ailleurs. Et le monde va avoir besoin de projets qui se déploient à grande échelle si nous voulons éviter de heurter le mur du changement climatique de plein fouet. Je ne saurais trop dire quels ont été les ingrédients qui ont permis l'alchimie : *a minima* un objet qui fonctionne (en l'occurrence, un atelier), une once de lâcher-prise (et l'inspiration du parti Pirate suédois a été cruciale ici), une formule qui garantisse un équilibre financier à toutes les parties prenantes (les membres de la communauté, mais également les permanents de l'association) et une bonne dose de transparence.

Cet ouvrage a été également pensé pour servir de guide à toute personne qui souhaite déployer la Fresque du Climat dans sa propre structure. L'atelier permet à n'importe quelle organisation de prendre rapidement son envol. Les fresqueurs professionnels ont en général à cœur de ne pas s'éterniser chez un client : ils commencent par animer des ateliers, puis des formations, organisent des sessions de coaching et, pour finir, accompagnent le déploiement, animent la communauté et recrutent les futurs formateurs dans l'entreprise. Un seul conseil, donc : montez en compétence en interne ! Mais attention, votre organisation n'en sortira pas indemne. Vos animateurs se sentiront autant fresqueurs que salariés. La Fresque a donc ce quelque chose que les autres n'ont pas : elle casse les frontières traditionnelles. Celles qui séparent l'entreprise de l'extérieur, mais aussi les frontières internes. Vos fresqueuses et vos fresqueurs vont commencer à démarcher vos clients et vos fournisseurs, ou à animer des ateliers à leurs heures perdues. Certains vont se sentir en dissonance cognitive et se mettre à sérieusement questionner l'entreprise sur ses engagements sociétaux ou sur les risques de transition[1]. La Fresque se révèle ainsi un parfait antidote au *greenwashing* : une fois sensibilisés et formés, les fresqueurs n'avalent plus n'importe quels éléments de langage. Vous êtes désormais prévenus et pouvez rejoindre le mouvement en connaissance de cause.

Alors que le projet n'en est qu'à ses débuts sur la scène internationale, nous allons encore et toujours avoir besoin de bonnes volontés pour exporter ce modèle unique sans cesse plus loin. Car la Fresque est avant tout une aventure humaine incroyable.

Bonne lecture !

1. Aléas qu'une entreprise peut rencontrer et qui sont liés aux mesures politiques et réglementaires ainsi qu'aux modifications de comportement qui visent à contrer le changement climatique.

CHAPITRE #1

L'odyssée de la Fresque du Climat

Début 2023, après cinq ans d'existence, la Fresque du Climat a célébré le cap du million de personnes ayant participé à un atelier, en France comme à l'international. L'objectif fixé en 2018, avant même la création de l'association, a été atteint grâce à une croissance exponentielle du nombre d'animateurs et à une organisation spécifique – très horizontale – du mouvement. Une réussite qui s'explique d'abord par l'outil « Fresque » lui-même, mais aussi par l'énergie et l'engagement de la communauté des animateurs et permanents de l'association.

Comment se déroule une fresque ? Comment les 42 cartes du jeu ont-elles été élaborées ? Qui peut participer ? Comment réaliser un atelier dans son entreprise, son établissement public, son université ou son association ? Qui sont les animateurs ? Comment sont-ils formés ? Pourquoi cet atelier fondé sur l'intelligence collective a-t-il essaimé ? Quels sont les impacts de la Fresque du Climat sur la société ? Découvrez toutes les réponses au fil de l'ouvrage.

Aux origines de la Fresque du Climat

La Fresque du Climat est un atelier participatif qui rassemble quatre à huit participants autour d'une table pendant trois heures. Ensemble, ils vont réaliser une fresque en utilisant un jeu de 42 cartes, sur chacune desquelles se trouvent des informations relatives à la physique du climat. Les participants doivent placer ces cartes sur la table suivant un principe : établir entre elles les liens de cause à effet.

Ces cartes ont été créées par Cédric Ringenbach, ingénieur centralien, ancien directeur du *think tank* The Shift Project et qui enseignait occasionnellement les problématiques énergie-climat. Lors de l'un de ses cours au printemps 2015, il a expérimenté avec ses stagiaires un format d'atelier dans lequel il proposait d'organiser une quinzaine de graphiques issus des rapports du Groupe intergouvernemental d'experts sur l'évolution du climat (**Giec**). En les observant tandis qu'ils interagissaient pour y arriver, il s'est rendu compte de l'extraordinaire potentiel pédagogique de cet exercice et a décidé de réitérer l'expérience lors de chacune de ses interventions.

Figure 1.1. Les preuves du changement climatique

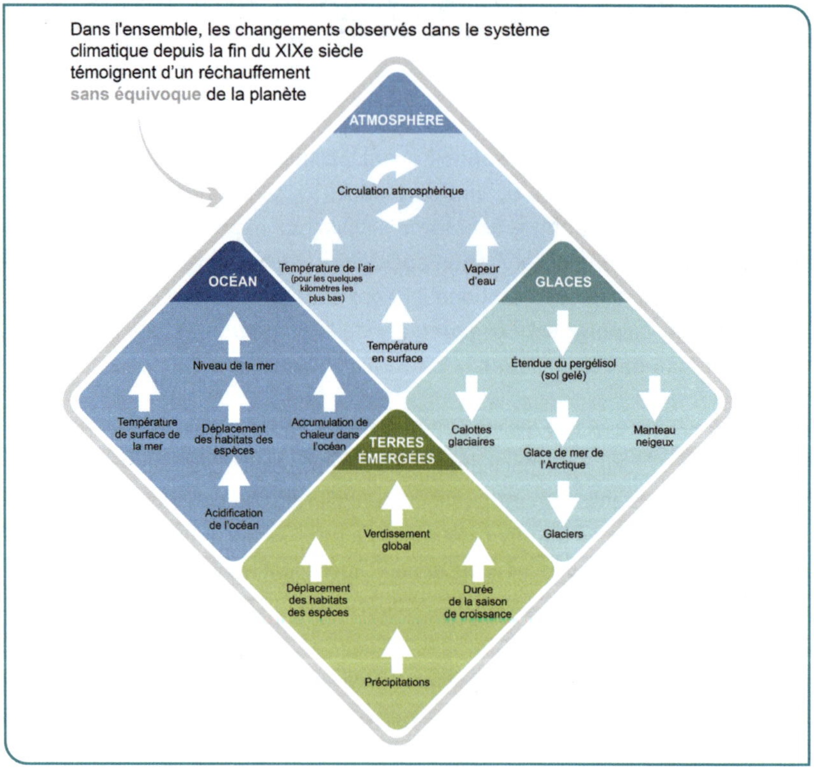

Source : « Changement climatique 2021 : Résumé pour tous », © International Panel on Climate Change (IPCC), www.ipcc.ch

Pour concevoir les cartes, Cédric Ringenbach s'est appuyé sur le cinquième rapport du Giec. Plus précisément, il a utilisé les données produites et mises à jour par le groupe de travail 1, qui étudie tout ce qui a trait à la **physique du climat**. Ces données factuelles ne sont pas discutables : elles sont le résultat d'un consensus mondial au sein de la communauté scientifique.

Qu'est-ce que le Giec ?

Le Groupe intergouvernemental d'experts sur l'évolution du climat[1] (Giec, ou IPCC pour Intergovernmental Panel on Climate Change) existe depuis 1988. Sa mission : évaluer l'état des connaissances sur l'évolution du climat, ses causes et ses impacts. Il identifie également les possibilités de limiter l'ampleur du réchauffement et indique des solutions pour s'adapter aux changements attendus.

Le Giec ne réalise pas d'études lui-même. Ses membres sont chargés d'évaluer, sans parti pris et de manière méthodique et objective, l'information scientifique, technique et socio-économique disponible qui a trait au changement climatique. Il s'agit d'un lieu d'expertise collective qui synthétise les travaux menés dans des centres de recherche du monde entier.

Le Giec travaille à dégager clairement les éléments qui font consensus au sein de la communauté scientifique et à identifier les limites dans les connaissances ou l'interprétation des résultats. Ses travaux permettent de comprendre les fondements scientifiques du changement climatique provoqué par les activités humaines.

Comment travaillent les experts du Giec ?

L'expertise scientifique est menée par trois groupes de travail. Le groupe de travail 1 évalue les aspects scientifiques du système climatique et l'évolution du climat. Ce sont ses rapports qui sont utilisés pour la **partie intellectuelle** de la Fresque du Climat. Le groupe de travail 2 est chargé des questions relatives à la vulnérabilité des systèmes socio-économiques et naturels aux changements climatiques. Enfin, le groupe de travail 3 évalue les solutions envisageables pour limiter les émissions de gaz à effet de serre (**GES**) ou atténuer les changements climatiques.

Que produisent les experts du Giec ?

Les scientifiques qui travaillent dans le cadre du Giec fonctionnent par cycles de cinq à sept ans au cours desquels ils évaluent l'état des connaissances les plus avancées sur le changement climatique. Durant chaque cycle, chaque groupe de travail produit un rapport d'évaluation de plusieurs milliers de pages. Entre 1990 et 2023, les auteurs du Giec ont travaillé suivant six cycles d'évaluation successifs.

➜

1. https://www.ipcc.ch/

Ils fournissent aussi des rapports spéciaux relatifs à des thèmes précis commandés par les États. Les trois derniers portent sur l'impact d'un réchauffement global de 1,5 °C, sur les terres émergées et sur l'océan et la cryosphère.

Un exercice de démocratie planétaire

Les groupes de travail sont composés de scientifiques qui s'engagent bénévolement comme experts. Leur sélection repose sur un processus transparent : une fois le sommaire approuvé, les gouvernements soumettent aux groupes la nomination des spécialistes. **Ils sont choisis selon leurs profils mais aussi selon leurs publications scientifiques dans des revues à comité de lecture.** Les bureaux des différents groupes de travail sélectionnent ensuite leurs auteurs puis ils s'attellent à rédiger leur rapport. Chaque version est soumise à l'examen de spécialistes avant d'aboutir à la version définitive amendée.

Les COP, c'est quoi ?

Ces experts produisent également un « résumé à l'intention des décideurs », approuvé ligne à ligne et mot par mot par les représentants des gouvernements réunis en assemblée plénière. À la fin de ce processus, le texte final est adopté à l'unanimité par les délégations gouvernementales sous le contrôle de leurs auteurs.

L'ensemble sert de base de travail aux gouvernements réunis lors des *Conferences of the Parties* (**COP**) où le Giec a un statut d'observateur des négociations sur le climat.

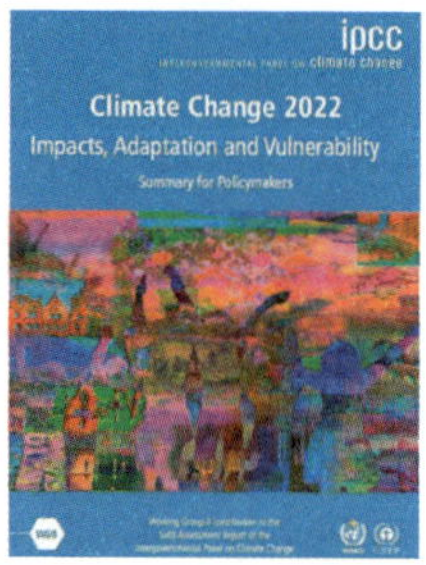

Comment se déroule un atelier ?

La Fresque du Climat est un atelier fondé sur l'intelligence collective qui permet de sensibiliser sur l'urgence climatique. L'atelier se déroule en ligne ou en présentiel, en quatre grandes phases :

- **Phase 1 : la partie intellectuelle.** Elle dure une heure et demie au maximum et consiste à replacer les 42 cartes suivant le principe des causes et des conséquences. Les cartes, organisées en cinq lots, sont distribuées par l'animateur au fur et à mesure de la progression des participants. L'intérêt réside dans la complexité croissante du jeu, car les conséquences deviennent elles-mêmes des causes. Pendant cette première partie, les participants collaborent, partagent leurs connaissances, se trompent et se corrigent. L'animateur, volontairement en retrait, aide et guide les participants lorsque c'est nécessaire. L'objectif est notamment que les participants se trompent pour apprendre de leurs erreurs.

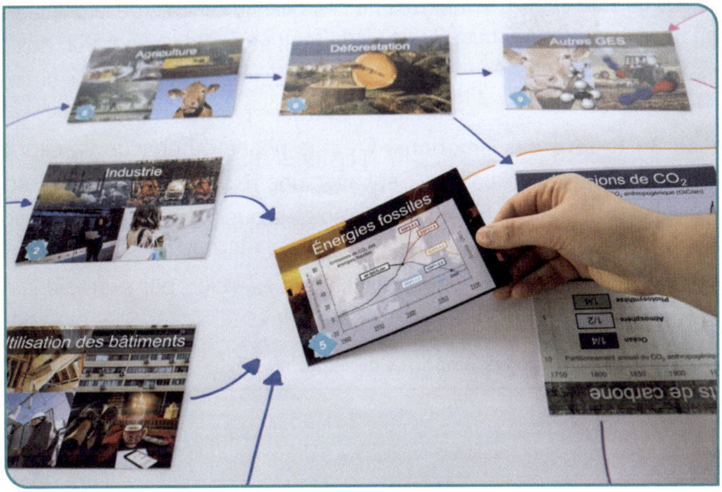

© Mary-Lou Mauricio

- **Phase 2 : la partie créative.** Cette deuxième phase participe au processus d'apprentissage. Réaliser des dessins, repasser au feutre les flèches entre les cartes pour établir les différentes relations cause/conséquence vues plus haut, permettent de s'approprier le travail réalisé et de mobiliser une autre partie du cerveau. Cette phase est aussi l'occasion pour d'autres profils, parfois plus à l'aise dans cet exercice que dans le précédent, de s'exprimer. C'est également lors de cette étape que les participants doivent trouver un titre pour leur fresque. Cette phase est cruciale car ils donnent alors leur

© Mary-Lou Mauricio

© Mary-Lou Mauricio

premier ressenti sur ce qu'ils viennent d'apprendre. Les premières propositions de titre sont souvent déprimantes et défaitistes. Puis l'énergie du groupe fait émerger des points de vue plus optimistes ou humoristiques qui préparent la mise en place d'une nouvelle dynamique. Cette étape se termine par un autre moment clé, la **restitution**, qui résume les enseignements de la partie intellectuelle. Elle peut être réalisée par l'un des participants, aidé des autres, puis complétée ou même reprise entièrement par l'animateur.

- **Phase 3 : le tour des émotions.** C'est la phase où chacun va exprimer ses émotions et les verbaliser. Seul avec une feuille de papier pour écrire un à trois mots clés, en binôme ou en sous-groupe pour pratiquer l'écoute active, chacun donne ses impressions. Divers outils sont mis à la disposition des participants pour les aider à réaliser cet exercice, par exemple la roue des émotions (figure 1.2).

Figure 1.2. La roue des émotions de Plutchik

- **Phase 4 : le débrief.** Cette étape permet de réfléchir aux leviers sur le plan individuel, sur celui des entreprises et au niveau politique/collectif. Les participants utilisent parfois des étiquettes autocollantes à positionner sur une matrice qui prend en compte la réduction carbone en abscisse et la difficulté de mise en œuvre en ordonnée.

Quand les participants ont rempli la **matrice des solutions** (fig. 1.3), l'animateur peut être amené à la commenter : il s'agit de casser les idées reçues et de distinguer les actions à fort impact des petits gestes symboliques. L'important à ce stade est de donner des ordres de grandeur aux participants. Par exemple, réduire significativement sa consommation de viande et ses voyages en avion a davantage d'impact sur les émissions individuelles que trier ses déchets ou ses e-mails. Pour étoffer ses propos, l'animateur peut utiliser des outils qui donnent les ordres de grandeur des émissions de CO_2, par exemple les documents disponibles sur le site de l'Agence de la transition écologique (Ademe) ou du Haut Conseil pour le Climat (HCC).

© Mary-Lou Mauricio

Figure 1.3. La matrice des solutions

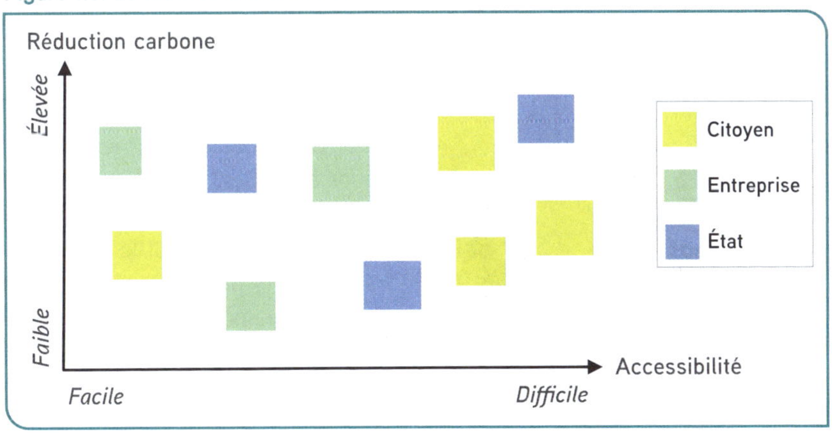

Source : https://fresqueduclimat.org

Figure 1.4. Les étapes de l'atelier

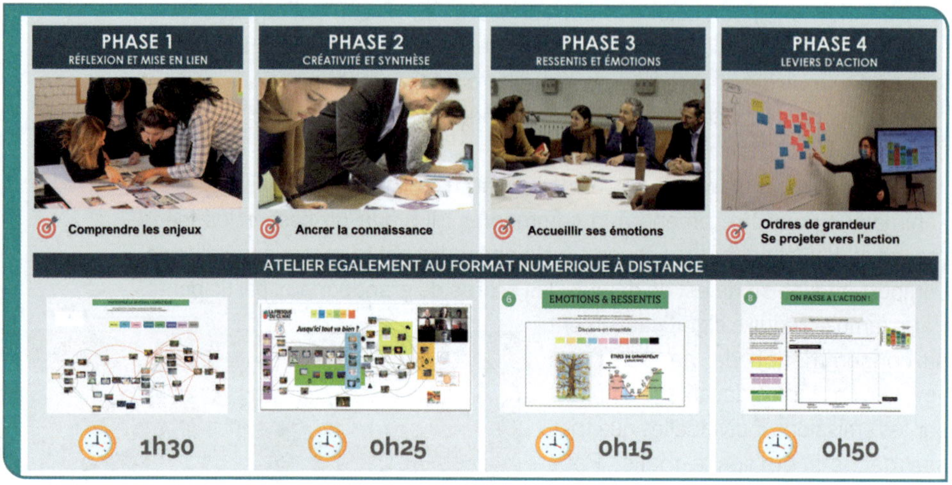

Source : https://fresqueduclimat.org

Des participants éclairés et passeurs de relais

Après l'exercice, les participants repartent avant tout avec les idées claires sur les principes physiques à l'œuvre dans le changement climatique. L'atelier permet également de comprendre les multiples interactions entre les différents phénomènes et les impacts sur le cycle de l'eau, les ressources naturelles et la santé humaine, en particulier.

En outre, les animateurs transmettent souvent des liens et des informations pour revoir et approfondir les notions abordées pendant l'atelier. Bibliographies, calculateurs carbone individuels, podcasts, médias en ligne, liens vers les rapports du Giec, de l'Ademe ou du Haut Conseil pour le Climat font partie des pistes pour creuser les thématiques abordées.

© Julie Nicolas

Point important, l'animateur transmet systématiquement le lien et les informations pour inviter les participants à animer à leur tour. Il suffit ensuite de suivre une formation. Au terme d'un parcours de montée en compétence… on devient « **fresqueur** » !

Comprendre la partie intellectuelle de la Fresque du Climat : les liens de cause à effet

Une fois que l'atelier a commencé, quelles sont les relations entre les cartes et comment les retrouver ? Pour saisir les liens de cause à effet, il est nécessaire de prendre quelques exemples. Le lot 1 (fig. 1.5) débute ainsi avec sept cartes qui représentent :

- les activités humaines ;
- les énergies fossiles ;
- les émissions de CO_2 ;
- l'effet de serre additionnel ;
- la hausse des températures ;
- la montée des eaux ;
- la fonte de la banquise.

Après un échange de quelques minutes, les participants décident ensemble de placer ces cartes en ligne dans cet ordre, ce qui signifie que les activités humaines utilisent les trois énergies fossiles que sont le charbon, le gaz et le pétrole, et émettent ainsi du dioxyde de carbone (CO_2) dans l'atmosphère. Le CO_2 participe à l'effet de serre additionnel. Pourquoi parlons-nous d'effet de serre « additionnel » ici ? Parce qu'il vient s'ajouter à l'effet de serre naturel grâce auquel la température de notre planète permet la vie (sans cet effet de serre naturel, il ferait – 18 °C sur Terre).

Figure 1.5. Aperçu de quelques cartes

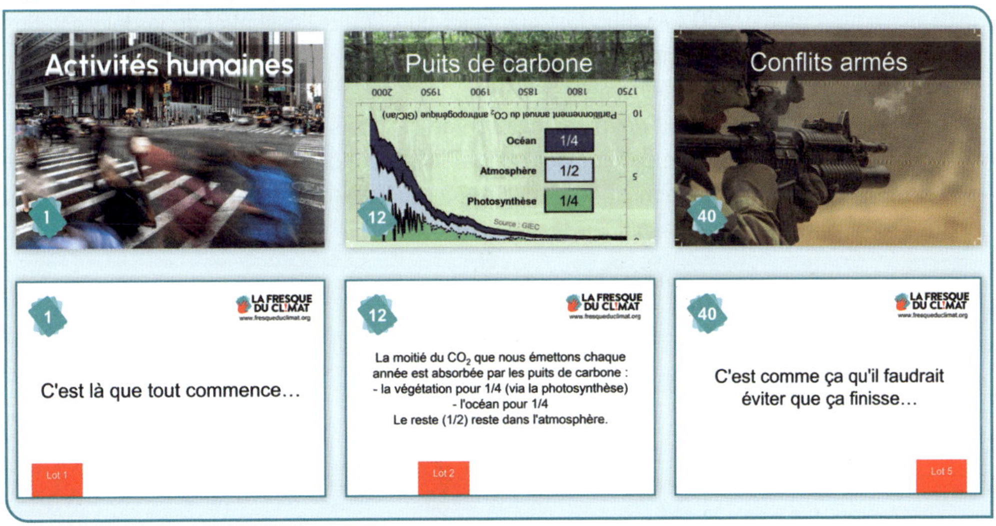

C'est bien l'effet de serre additionnel qui provoque la hausse de la température moyenne de la Terre. Depuis la dernière révolution industrielle (1870-1910), cette température moyenne a augmenté de 1,2 °C. Cette hausse se traduit par deux conséquences distinctes : d'une part, elle fait fondre la banquise ; d'autre part, elle fait monter le niveau de la mer.

Un piège subtil est d'ailleurs tendu aux participants dans ce premier lot. Ils ont tendance à penser à tort que la fonte de la banquise explique la montée des eaux. Cette chausse-trappe a une visée ludique et pédagogique : elle permet de rassurer tout le monde : on peut se tromper et on retient mieux le message lorsque l'on a corrigé son erreur.

La partie intellectuelle du jeu se poursuit le temps pour les participants de replacer les cartes des différents lots dans l'ordre. Les notions sont ainsi abordées à la fois globalement (vision d'ensemble) et séparément (vision détaillée). Voici quelques exemples passés en revue lors de la réalisation d'une fresque.

Les impacts de l'agriculture

Le lot 2 (fig. 1.6) voit l'entrée en jeu de la carte « Agriculture », un élément important car il permet d'aborder deux causes du changement climatique, représentées par deux autres cartes : « Déforestation » et « Autres gaz à effet de serre ». Ces trois cartes créent une clé de compréhension : le méthane émis par le bétail présente un pouvoir de réchauffement environ 25 fois plus puissant que celui du CO_2. Par ailleurs, lors de leur épandage, les engrais chimiques azotés émettent du protoxyde d'azote, dont le pouvoir de réchauffement est même 300 fois plus fort que celui du CO_2. Et l'essentiel de la déforestation (80 %) est imputable à l'agriculture.

Les émissions de gaz à effet de serre de l'agriculture augmentent rapidement du fait de la conjugaison de ces trois facteurs : la consommation de viande bovine, les impacts de la déforestation (lorsqu'un arbre est brûlé, il émet dans l'atmosphère tout le CO_2 qu'il a stocké pendant sa croissance) et les engrais chimiques.

Figure 1.6. Aperçu de quelques autres cartes clés

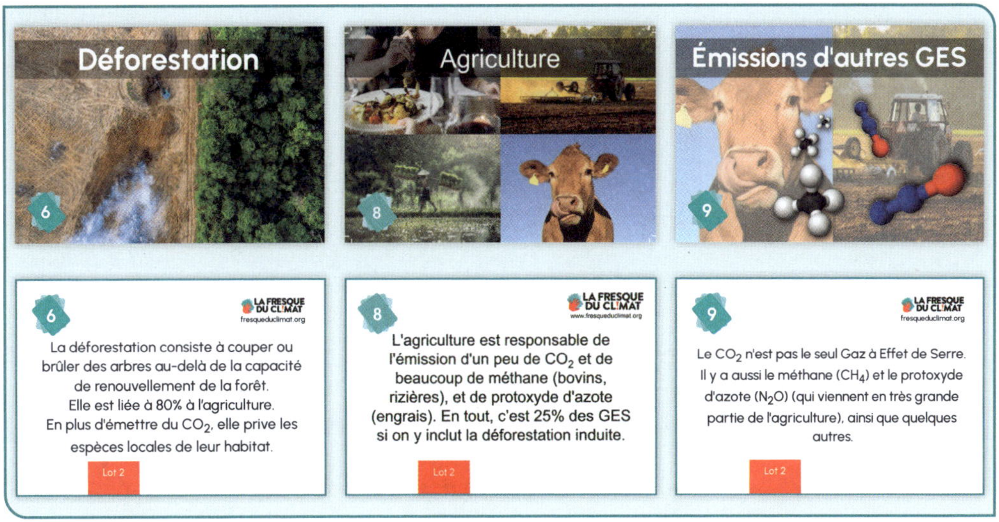

L'acidification des océans

À partir des cartes du lot 4 (fig. 1.7), les participants sont amenés à s'intéresser aux conséquences de l'augmentation des émissions de CO_2 pour les océans. Complétant les précédents, ce lot nous apprend que la majeure partie du CO_2 émis par les activités humaines est captée par les océans. **Mais cette absorption du CO_2 par les eaux du globe est lourde de conséquences pour les écosystèmes marins.** En effet, en captant du dioxyde de carbone, le pH de l'eau s'acidifie, ce qui engendre des problèmes de calcification chez certains organismes, comme les ptéropodes et les coccolithophores, des planctons à la base de la chaîne alimentaire. Leur déplétion ou diminution en grande quantité se répercute sur tous les organismes sous-marins.

Figure 1.7. Aperçu de quelques cartes en lien avec les écosystèmes marins

L'intelligence collective en action

C'est l'un des principes clés d'une Fresque du Climat : les participants détiennent tous quelques informations et notions de physique, de biologie, d'histoire de la planète… Au cours de l'atelier, ils mettent en commun leurs connaissances ; lorsqu'ils se trompent, ils peuvent se corriger les uns les autres. L'animateur ou l'animatrice reste même volontairement en retrait pour leur laisser le temps de rassembler leurs connaissances. La dynamique de groupe ainsi créée est favorable à la réussite de l'atelier.

Les messages clés de la Fresque du Climat

La mise en évidence des liens entre les phénomènes physiques et chimiques à l'échelle de la planète sert à comprendre les conséquences sur le climat, la biodiversité et, ainsi, sur les conditions d'habitabilité de la Terre. Réaliser une Fresque du Climat permet de comprendre des éléments essentiels au fonctionnement du système Terre. Pour les animatrices et animateurs, c'est l'occasion de faire passer quatre messages clés, dont trois sont directement issus des rapports du Giec :

- **Le dérèglement climatique est scientifiquement prouvé.** Depuis le XIXe siècle, les activités humaines ont émis des quantités de plus en plus importantes de gaz à effet de serre (GES) dans l'atmosphère. Elles sont dues à la combustion des énergies fossiles mais aussi à l'agriculture et à la déforestation. **Les conséquences de ce dérèglement sont déjà observables sur l'ensemble de la planète.** L'excès d'énergie est absorbé par les écosystèmes terrestres avant tout. Ainsi, 91 % sont absorbés par l'océan, 5 % par les terres émergées et 3 % sont convertis en fonte des glaces. Seul 1 % de cette chaleur supplémentaire est absorbé par l'atmosphère.
- **L'humanité est responsable de ce dérèglement.** La totalité du réchauffement observé (+ 1,2 °C) depuis la période préindustrielle est le résultat des activités humaines (fig. 1.8).

Figure 1.8. Un réchauffement causé par les activités humaines

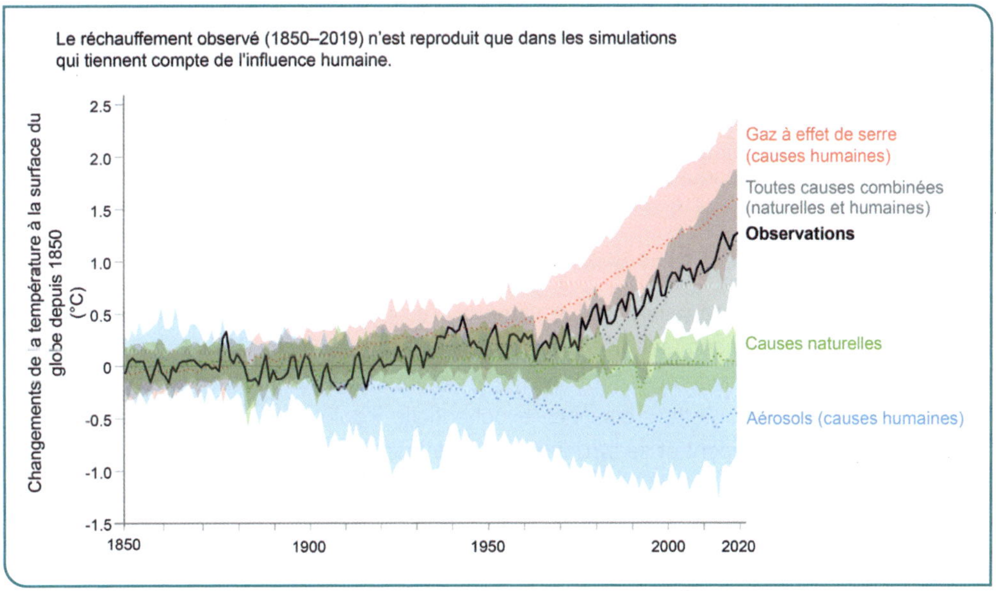

Source : « Changement climatique 2021 : Résumé pour tous », © International Panel on Climate Change (IPCC), www.ipcc.ch

- **Il est urgent d'agir pour éviter l'emballement.** Toutes les régions du monde doivent désormais faire face à des événements climatiques extrêmes, tels que canicules, sécheresses et fortes pluies, qui s'accélèrent et s'intensifient partout. Le changement climatique augmente les risques de voir plusieurs phénomènes climatiques extrêmes se produire simultanément, notamment des vagues de sécheresse associées à une chaleur insoutenable. Nous devons donc atteindre au plus vite la neutralité carbone à l'échelle mondiale, car des efforts francs et constants de réduction des émissions de GES ralentiraient le réchauffement planétaire en l'espace d'une décennie. En revanche, les effets ne seront clairement visibles sur la température globale qu'au bout de vingt ans ; ils seront d'abord masqués par la variabilité naturelle du climat[2].
- **Nous sommes tous actrices et acteurs, tout le monde a un rôle à jouer.** La température globale se stabilisera lorsque nous cesserons de rejeter du dioxyde de carbone, mais aussi du méthane et du protoxyde d'azote dans l'atmosphère. Cependant, elle ne retrouvera pas les niveaux de l'ère préindustrielle (avant 1850). (Source : « Changement climatique 2021, Résumé pour tous », IPCC.)

Pour faire passer correctement ces messages auprès des participants il faut que leur source, c'est-à-dire les travaux d'analyse des experts du Giec, soit correctement mise en avant en début d'atelier. Ainsi, la partie intellectuelle de la fresque ne laisse de place ni au doute ni à l'interprétation.

Quand la Fresque fait des émules

Au-delà de l'atelier en lui-même, la Fresque du Climat est devenue une association, qui comptait une cinquantaine de salariés à la fin 2023 (fig. 1.9). L'équipe a crû rapidement, tout comme le nombre d'animateurs et de participants aux ateliers. Cette croissance exponentielle inspire d'autres associations qui se développent et se structurent sur un modèle comparable.

2. Le climat varie naturellement du fait de nombreux paramètres comme les éruptions volcaniques, la distance entre la Terre et le Soleil ou encore les variations de l'activité solaire.

Figure 1.9. La Fresque en 15 dates clés

Mars 2023	• **Cap du million** de fresqués (France + international). Développement en Suisse
Décembre 2021	• COP26 (Glasgow)
Août 2021	• Proposition d'amendements pour sanctuariser la sensibilisation aux enjeux climatiques dans l'enseignement supérieur
Mars 2021	• **Mandat du Climat** pour les élus (loi Climat et Résilience) (chapitre 2)
Septembre 2020	• Systématisation de la **Rentrée Climat** (chapitre 2)
Mars 2020	• Mise en place du parcours de formation des fresqueurs (chapitre 2). Première Fresque en ligne (confinement)
Septembre 2019	• Lancement de la **Rentrée Climat** (15 établissements)
Printemps 2019	• Recrutement d'une première salariée
15 décembre 2018	• Fondation de l'**association** de La Fresque du Climat
2^{d} semestre 2018	• Traduction de la Fresque en chinois, anglais et polonais
Juin 2018	• Création des **Fresques Expert** et **Junior** (chapitre 2)
Mars 2018	• Première Fresque au Pôle universitaire Léonard de Vinci.
Début 2018	• **Cap du millier** de fresqués
Novembre 2015	• Utilisation de l'outil avec The Shift Project dans le Train du Climat (COP21)
17 avril 2015	• Première sensibilisation autour de graphiques issus du 5e rapport du **Giec**

L'auteur de la Fresque du Climat, Cédric Ringenbach, rencontre ainsi régulièrement des porteurs de projets à impact, sur toutes les thématiques liées au climat, pour les convaincre d'adopter un modèle capable de passer à l'échelle.

La Convention des entreprises pour le climat

La Convention des entreprises pour le climat (CEC) est une bonne illustration d'initiative proche de la Fresque. Pour son créateur, Éric Duverger, lui-même membre du Conseil d'administration de la Fresque du Climat, la CEC vise un développement rapide, avec une différence de taille : elle s'adresse exclusivement aux dirigeants d'entreprise, qui sont les mieux placés pour impulser un changement radical dans leur structure. Le but est ainsi de « rendre irrésistible la bascule de l'économie extractive vers l'économie régénérative », le leitmotiv de la CEC afin que chaque entreprise produise de la valeur en respectant les **limites planétaires**.

La CEC s'est d'abord inspirée de la Convention citoyenne pour le climat (CCC), dont elle tire d'ailleurs son nom. La mission de la CCC, entre octobre 2019 et juin 2020, était de proposer des mesures pour réduire d'au moins 40 % les émissions de GES françaises d'ici à 2030 dans une logique de justice sociale. Instaurée par le président de la République, Emmanuel Macron, pour répondre aux demandes des gilets jaunes, elle a regroupé 150 participants tirés au sort pour un exercice inédit de démocratie. Ses membres se sont réunis à sept reprises au Conseil économique, social et environnemental (Cese) pour proposer *in fine* 149 mesures[3].

Inspiré par ces travaux, Éric Duverger a décidé de lancer une initiative similaire dédiée aux dirigeants. Pour les convaincre, il a détaillé son projet dans un texte qu'il a diffusé auprès de son réseau, puis il a lancé une lettre d'information à la fin 2020 et enfin un appel à candidature en décembre de la même année. Après un peu plus d'un an, en mars 2021, 150 entreprises avaient rejoint la CEC. Ensemble, elles représentaient déjà 50 milliards de chiffres d'affaires et 300 000 collaborateurs. Comme pour la Fresque du Climat, ce sont les premiers adhérents qui ont ensuite convaincu d'autres dirigeants de rejoindre le mouvement.

À la fin 2023, l'association de la Convention des entreprises pour le climat ne comptait que des bénévoles. Les premiers salariés arrivent en 2024. Pour autant, l'association continue à recruter de nouveaux adhérents et entame une structuration dans deux directions : des déclinaisons régionales d'une part et thématiques d'autre part. Ainsi, les CEC territoriales des Hauts-de-France, de

3. Pour retrouver le détail des mesures : https://www.lecese.fr/sites/default/files/pdf/Convention/ccc-rapport-final.pdf

Normandie et du Massif central sont en place. Celles de Provence-Méditerranée, des Alpes et du Bassin lyonnais suivent de près. Du côté des CEC thématiques, celles du *consulting*, du monde financier et des industries sont installées, tandis que la CEC des nouveaux imaginaires est en cours de création. Les nouveaux imaginaires concernent les codes sociaux et les représentations du monde véhiculées par les médias, l'art, la culture, la publicité, l'histoire...

The Shifters et The Shift Project

The Shifters[4], une association créée en 2014 par des bénévoles adhérant au discours de Jean-Marc Jancovici et du *think tank* qu'il a cofondé, The Shift Project, est un autre exemple emblématique. Leur ambition est simple : faire « shifter » la France, anglicisme créé à partir du verbe *to shift*, qui signifie « déplacer, décaler ». En l'occurrence, il s'agit de faire évoluer la société en proposant des solutions réalistes pour limiter l'ampleur et les effets du réchauffement climatique et anticiper la sortie des énergies fossiles.

Pour diffuser ces idées dans la société civile, The Shifters s'appuient sur un vivier d'expertises, en l'occurrence 25 000 sympathisants, dont 7 000 adhérents. Les messages sont ensuite portés à tous les niveaux grâce à un *lobbying* politique direct et à toute une palette d'événements comme le festival des « Univershiftés » ou des rendez-vous dédiés au cinéma, à la culture... Ils ont également créé le podcast *Time to shift* (200 000 écoutes par épisode) et une lettre d'information, *La Gazette du carbone*, qui compte 5 000 abonnés.

---

4. https://www.theshifters.org/

Sensibiliser le plus possible à l'**urgence** du changement climatique

- **Cédric Ringenbach**
- **Né en 327 ppm**[1] (1972)
- **Statut :** auteur de la Fresque du Climat, ancien président de l'association, PDG de Blue Choice, ancien directeur du Shift Project, coach, marin et conférencier

© Blue Choice

Vous êtes le créateur du jeu de la Fresque du Climat et fondateur de l'association éponyme. Auparavant, comment avez-vous pris conscience de l'urgence climatique ?

J'ai eu un choc en 2007 en écoutant une conférence de Jean-Marc Jancovici sur les conséquences du changement climatique. Pour approfondir le sujet, j'ai écouté d'autres conférences. Puis, j'ai eu une prise de conscience décisive lors de vacances à Bali en 2008. Je me trouvais sur les îles Gili, au large de Lombok, dépendantes des îles principales y compris pour l'eau douce. J'étais en vacances, donc il n'y avait aucun problème, mais j'ai pu expérimenter dans mon quotidien la limitation des ressources. J'ai quitté les lieux en ayant décidé que mon futur métier serait en lien avec le climat.

Un an après, mes missions de consultant en informatique en cours sont alors arrivées à leur terme et j'ai décidé de prendre six mois pour lire les rapports

1. « ppm » signifie « partie par million ». Il s'agit d'une unité de mesure notamment utilisée pour calculer la concentration de carbone dans l'air. Ce taux de ppm augmente au fil des ans depuis 1850, date de la deuxième révolution industrielle, où les énergies fossiles comme le pétrole et le charbon ont commencé à être utilisées en masse. La conséquence de cette augmentation est une hausse de la température moyenne au niveau mondial. Certains utilisent ce taux pour indiquer leur année de naissance en ppm et en montrer ainsi la hausse significative.

du Giec, en particulier les trois résumés techniques du quatrième rapport paru en 2009. Les six mois sont devenus neuf, puis j'ai postulé chez Carbone 4, car c'était la seule référence que j'avais sur le sujet à l'époque. Je n'y ai pas été embauché, mais on m'a confié la direction du *think tank* The Shift Project, fondé par Jean-Marc Jancovici, où je suis resté six ans.

D'où vous est venue l'idée de créer un jeu de cartes sur le climat ? Et comment avez-vous développé la pédagogie autour de ce sujet complexe et sensible ?

Avant de créer la Fresque du Climat, j'avais imaginé un premier jeu collaboratif sur l'œnologie, Carpe Vinum, dont le principe reposait déjà sur l'intelligence collective. J'ai ensuite créé l'outil « Fresque » à l'occasion d'un cours dispensé en marge du Shift Project. J'ai montré aux participants une quinzaine de graphiques issus des rapports du Giec et je leur ai demandé de les organiser suivant le principe des causes et des effets.

Je les ai écoutés discuter et travailler et je me suis revu en train de découvrir le sujet du climat. J'y ai également retrouvé la mécanique à l'œuvre dans Carpe Vinum : l'intelligence collective au service de la pédagogie. C'est là que j'ai décidé d'utiliser ce format d'atelier aussi souvent que possible. Je l'ai ensuite amélioré et étoffé en ajoutant des cartes, en scindant des visuels, etc. Puis j'ai eu envie d'en faire un jeu de société à part entière, sans animateur, avec des cartes à placer sur un plateau. C'est là que j'ai ajouté les informations complémentaires au verso. En revanche, le format ne m'a pas convaincu car les participants retenaient beaucoup moins d'informations et l'animation du **débrief** faisait défaut. Je l'ai donc abandonné.

L'ensemble du jeu est protégé par une licence en Creative Commons (CC), avec les paramètres « BY » et « ND ». Concrètement, qu'est-ce que cela veut dire ?

La licence Creative Commons permet à la fois d'autoriser tout le monde à utiliser les cartes de la Fresque du Climat et d'empêcher leur appropriation par un copyright.

La mention « BY » constitue la contrepartie de la licence CC. Tout le monde peut utiliser le jeu, à condition de citer mon nom en tant que créateur. Ma notoriété s'en trouve augmentée mais je cède mes droits pécuniaires et je donne de mon temps en tant que bénévole de l'association. J'ai fait le choix de contenus non modifiables (ND) afin de préserver la qualité et la pertinence des cartes.

Comment évolue le contenu de l'atelier désormais ?

Lors de la sortie d'un nouveau rapport du Giec, une équipe se constitue pour m'aider à mettre les cartes à jour. On actualise les chiffres, les graphiques, ainsi que certaines illustrations. Je tranche en cas de désaccord, mais c'est un travail collégial et on arrive globalement à un consensus.

En dehors des nouveaux rapports du Giec, les retours de la communauté des utilisateurs me sont très utiles pour ajuster le contenu ou le choix des cartes. C'est ainsi que la carte qui traitait du sujet de la circulation thermohaline et du Gulf Stream a disparu courant 2023 au profit d'une nouvelle sur les inégalités sociales.

> « Il est très important de savoir faire la part des choses entre ce qui relève de la science et ce qui relève de la politique.

Il existe plusieurs variantes et compléments de la Fresque du Climat, dont une **Fresque Expert** (chapitre 2), beaucoup plus détaillée, qui compte à peu près deux fois plus de cartes et qui a été mise au point avec Sakina Pen Point[2]. Elle est réservée aux animateurs et animatrices à qui elle permet d'approfondir les notions de base abordées dans la fresque classique. Il existe également une **Fresque Junior** (chapitre 2), avec moins de cartes et un contenu adapté aux 9-14 ans.

Et pour faire connaître l'outil, nous avons développé une **Fresque Quiz**[3]. Déployée lors de salons ou autres événements, elle permet de découvrir quelques cartes et de bénéficier d'une explication, premier pas vers un atelier complet.

Ce qui n'était initialement qu'un atelier improvisé pour cinq stagiaires a ensuite connu une croissance exponentielle[4]. Comment l'atelier s'est-il diffusé dans la société française ?

Le moment fondateur dans l'histoire de la Fresque est intervenu le 26 mars 2018 au Pôle universitaire Léonard de Vinci à La Défense (voir le témoignage de Laure Bertrand). Je devais trouver et former 30 animatrices et animateurs

---

2. Voir chapitre 2.
3. *Idem.*
4. La Fresque du Climat est en effet passée de 1 000 participants au début de l'année 2018 à un million cinq ans plus tard, soit mille fois plus.

en 15 jours, afin qu'ils réalisent des fresques pour près de 900 étudiants. Ils sont arrivés le matin, se sont répartis les groupes de 30 personnes chacun et nous avons réalisé des fresques toute la matinée. À la fin de la journée, 150 fresques s'affichaient sur les murs, les étudiants étaient enthousiastes et l'administration ravie. Les animateurs étaient époustouflés par la dynamique créée. Nous avons alors continué de former des animateurs pour réaliser des fresques partout, que ce soit auprès de leurs proches ou dans des cercles professionnels et associatifs.

Pourquoi avoir créé une association ?

Ce n'était pas prévu au départ puisque je dirigeais une structure commerciale avec laquelle je pouvais porter ce projet d'intérêt général. Mais j'ai rapidement réalisé que beaucoup de personnes m'avaient rejoint bénévolement afin de m'aider à développer l'outil, avec par exemple des traductions des cartes dans plusieurs langues. Il était impensable que les bénévoles travaillent gratuitement pour qu'une seule personne touche des droits d'auteur. C'est pour que ce projet devienne aussi le leur que l'association a été créée à la fin 2018 à Paris, avec 15 personnes.

J'en ai assuré la présidence jusqu'en mars 2024, ce qui m'a permis à la fois d'être le porteur du projet et de l'incarner.

Quels sont les principes fondateurs de l'association ?

Le premier, essentiel, c'est l'urgence climatique. Nous n'avons que quelques années pour réagir face au changement climatique à l'œuvre, il faut donc aller très vite, ce qui a des conséquences sur notre organisation. Nous devons nous déployer rapidement afin de sensibiliser un maximum de personnes, au risque d'être imparfaits.

Le deuxième principe est l'humanisme. Nous nous préoccupons des enjeux climatiques car nous sommes soucieux de l'avenir de l'humanité. Il ne s'agit donc pas d'écraser les autres ou de leur manquer de respect. L'humanisme doit être dans notre ADN si nous voulons être cohérents avec notre objectif.

Le troisième principe réside dans le respect de la science. Les cartes ont été développées à partir des rapports du Giec et reprennent la même rigueur. C'est extrêmement important d'être conscient de la méthode scientifique et de savoir faire la part des choses entre ce qui relève de la science et ce qui relève de la politique.

Le quatrième est principe est que l'argent n'est pas tabou. Nous assumons le fait que certains animateurs se fassent rémunérer pour leur prestation et nous assumons que l'association ait un modèle d'affaires rentable (nous n'avons jamais eu besoin de recourir à des subventions, ni à des actions de mécénat ou de *sponsoring*). Nous sommes même fiers de permettre à de nombreux activistes de vivre de leurs valeurs et de libérer du temps pour des activités associatives non lucratives. Nous assumons aussi de travailler avec les grandes entreprises, y compris les plus polluantes, car il est important que leurs salariés aient toutes les cartes en main pour comprendre les enjeux climatiques.

Quel est l'objectif de l'association ?

Notre but est de sensibiliser le plus de monde possible – citoyens, organisations et politiques – sur l'urgence du changement climatique en cours ainsi que sur la nécessité de réduire drastiquement nos émissions de GES et de nous adapter. Nous formons donc des fresqueurs et fresqueuses qui vont à la rencontre de ces différents publics. Ces citoyens apportent leurs convictions partout où ils le peuvent. Associations, écoles, lycées, universités, festivals… Même dans les entreprises, nous nous adressons aux citoyens que sont les salariés.

L'objectif ultime est de toucher les responsables politiques. L'enjeu climatique nécessite de changer les règles du jeu et implique une décision politique. Nous ciblons donc ces responsables politiques à travers un certain nombre d'initiatives, comme le **Mandat du Climat**. Nous espérons également les influencer indirectement *via* les électeurs et les lobbies des entreprises. Nous avons besoin de tous pour influer sur les décisions politiques.

”

Quand **trois heures** remplacent des mois de recherche

- **Charles Sirot**
- **Né en 351 ppm** (1988)
- **Statut :** instructeur (formateur de formateurs) et membre fondateur de la Fresque du Climat, coauteur de la Fresque de la Biodiversité, consultant chez Quantis, cabinet de conseil en stratégie environnementale

Comment et quand avez-vous pris conscience de l'urgence climatique ?

Cette prise de conscience s'est faite en plusieurs étapes grâce à des événements marquants très différents. Le premier a eu lieu lors d'un voyage universitaire d'un an à Shanghai en 2010. Les universités organisaient alors des simulations de négociations climatiques comme elles se déroulent lors des COP. Étudiant à l'université de Tongji, je devais jouer le rôle d'un représentant des Maldives, ce qui m'a obligé à me documenter sur le sujet. J'ai alors découvert que l'archipel allait disparaître sous l'effet de l'augmentation des températures moyennes du globe, donc de la montée des eaux. Je n'ai plus repensé au réchauffement mondial avant la naissance de ma fille en 2016, peu après la COP21 (Paris, décembre 2015). En tant que jeune papa, je me suis posé la question de l'état du monde en 2050, quand elle aura 35 ans, et j'ai recommencé à me documenter sur le climat. Peu après, lors d'un événement familial, j'ai discuté du changement climatique en cours et de son origine anthropique avec des personnes relativement âgées. J'ai été terrifié par mon manque d'arguments à opposer à leur indifférence pour ce sujet qui nous concerne pourtant tous.

J'ai ensuite mis quatre mois pour rédiger un long article de blog intitulé « Pourquoi et comment agir sur le climat[1] ? » et j'ai commencé à suivre les travaux du Shift Project. C'est grâce aux Shifters que j'ai participé à une fresque et que je suis devenu animateur.

Qu'est-ce qui vous a séduit dans la Fresque du Climat ?

La première fois que j'ai participé à une fresque, c'était le 1er mai 2018 chez son fondateur avec un petit groupe de six personnes. J'ai pris une énorme claque ! En trois heures, j'ai compris davantage de choses qu'en quatre mois de recherche. En prime, j'ai passé un bon moment collaboratif. Ces éléments m'ont prouvé la puissance de l'outil.

> La dissonance cognitive est rapidement devenue trop grande.

Après avoir suivi un atelier, nous devenions automatiquement animateurs à l'époque. J'ai donc tout de suite mis en pratique le jeu, utilisé les cartes et surtout le guide d'autoformation dans la version disponible à l'époque. Plus je réalisais de fresques et plus j'étais victime du syndrome de l'imposteur car les participants me posaient toujours des questions auxquelles je ne savais pas répondre. Heureusement, l'outil me rassurait par sa rigueur scientifique : il est fondé entièrement sur des graphiques et des données issus des rapports du Giec[2]. Je travaillais d'arrache-pied pour me perfectionner et tenter de devenir incollable.

J'animais des fresques en tant que bénévole et je travaillais en parallèle dans une start-up de l'immobilier. Mais la **dissonance cognitive**[3] est rapidement devenue trop grande. J'ai donc quitté mon emploi pour me consacrer à temps plein à la Fresque du Climat.

---

1. https://charles-sirot.medium.com/1-agir-pour-le-climat-en-2018-pourquoi-et-comment-a0420fa71967#:~:text=Un%20des%20objectifs%20de%20cet,de%20faire%20bouger%20les%20lignes.
https://ecologie-integrale.fr/wp-content/uploads/2019/04/1-Agir-pour-le-climat-_-Pourquoi-et-Comment_-%E2%80%93-Charles-Sirot-%E2%80%93-Medium.pdf
2. Giec ou IPCC en anglais : https://www.ipcc.ch/
3. Situation dans laquelle se trouve une personne lorsque les circonstances l'amènent à agir en désaccord avec ses croyances. Cette personne éprouve alors un état de tension inconfortable.

Quels étaient les enjeux sur le climat en 2018 ? et vos objectifs personnels en réalisant ces fresques ?

C'est à la COP de Katowice en Pologne en 2018 que j'ai pris conscience de l'ampleur de la tâche. À l'époque, Cédric Ringenbach et moi, partis seuls, n'avions accès qu'à la Conference of Youth (COY[4]), la conférence de la jeunesse sur le climat. Malgré l'enjeu et le contexte, le climat ne servait finalement que de prétexte à des diplomates en herbe. Quel que soit l'âge, le sexe, la nationalité... nous étions face à une armée d'ignorants. Le responsable de l'organisation ne connaissait même pas l'existence du Giec. Nous avons animé des fresques avec des gens de partout dans le monde, dans des écoles, dans des bars... Nous avons fait des rencontres extraordinaires mais même ici, nous nous sommes rendu compte que les participants ne connaissaient pas suffisamment les causes et les conséquences du changement climatique. En France, l'effort à fournir était du même ordre, d'où l'intérêt de « fresquer » le plus grand nombre.

Depuis votre adhésion, quel a été votre parcours au sein de l'association ?

Avec d'autres pionniers, nous avons accompagné Cédric Ringenbach dans la création de l'association. Je suis ainsi resté pendant quatre ans au conseil d'administration. Je me suis engagé à 100 %. Pendant 18 mois, j'ai animé des fresques et surtout formé les 500 premiers animateurs. J'ai eu la chance de participer au début de l'aventure : la première étape en tant que fresqueur était de convaincre mes contacts, qu'ils soient amicaux, familiaux ou professionnels, de passer trois heures pour comprendre le climat avec la fresque. Maintenant, la Fresque du Climat est connue et reconnue.

Cette aventure m'a permis de vivre les premières fresques, ma première COP, une première **Rentrée Climat**[5] dans les universités et des écoles prestigieuses comme Polytechnique, la première fresque avec des députés, des ministres, des comités de direction de grandes entreprises, des écoliers en Pologne...

J'ai donc gagné ma vie ainsi pendant environ deux ans avant de décider de redevenir salarié pour mieux aborder les problématiques du climat et du carbone dans l'univers des entreprises. Aujourd'hui, j'œuvre toujours en

4. https://unfccc.int/topics/education-and-youth/youngo/coy
5. Voir le chapitre 2.

faveur du climat, puisque la société où j'évolue me permet d'influencer la stratégie environnementale de très grandes entreprises en commençant par mesurer leurs impacts.

Comment la Fresque du Climat vous a-t-elle inspiré ?

Cet atelier participatif fondé sur l'intelligence collective a inspiré la création de la Fresque de la Biodiversité[6] en 2019. J'ai d'abord réalisé une Fresque du Climat pour Géraldine et Geoffrey Vuillier, une fratrie férue de biodiversité. Ces derniers ont adopté cet outil pour sensibiliser davantage le grand public. Climat et biodiversité constituent en effet les deux faces d'une même médaille avec des enjeux communs, mais aussi des risques dans le cas où des actions prises en faveur du climat se révéleraient néfastes pour les écosystèmes.

Ensemble nous avons lu et compilé l'information disponible sur la biodiversité avec, en particulier, le premier rapport de la Plateforme intergouvernementale scientifique et politique sur la biodiversité et les services écosystémiques (IPBES[7], selon le sigle anglais[8]). Et j'ai pu partager mon expérience pédagogique des fresques. Nous avons ensuite fait valider nos travaux par l'Office français de la biodiversité (OFB)[9], qui a soutenu notre déploiement. En août 2023, l'association, présidée par Géraldine Vuillier, avait sensibilisé 30 000 personnes.

”

6. https://www.fresquedelabiodiversite.org/ (voir également le chapitre 4).
7. https://www.ipbes.net/
8. *Idem*.
9. https://www.ofb.gouv.fr/actualites/la-fresque-de-la-biodiversite-une-experience-ludique-pour-agir-en-faveur-de-la

Quelque chose de **puissant** venait de naître

© Agnès Colombo

- **Frédéric Giuli**
- **Né en 335 ppm** (1978)
- **Statut :** instructeur (formateur de formateurs), membre fondateur de la Fresque du Climat, fondateur de Caristeo

Vous étiez présent à la création de l'association de la Fresque du Climat. Mais avant cela, comment vous êtes-vous intéressé au changement climatique ? Y a-t-il eu un événement déclencheur ?

Ingénieur de formation, j'ai travaillé 17 ans dans un cabinet de conseil international. Durant de nombreuses années, j'enchaînais les rendez-vous avec des clients et les déplacements partout dans le monde. Je prenais l'avion jusqu'à quatre fois par semaine, je n'avais aucune conscience écologique...

Vers 2008/2009, dans une chambre d'hôtel, j'ai regardé par hasard le film d'Al Gore sur le changement climatique, *Une vérité qui dérange*. Si ce documentaire, extrêmement efficace, a créé un petit traumatisme chez moi, il n'a pourtant pas suffi à changer mes habitudes. Se faire percuter est une condition nécessaire pour bouger mais pas suffisante. Comme beaucoup, je me suis réfugié dans un mécanisme de défense : « Je ne peux rien faire, c'est à d'autres, les puissants de ce monde, de s'en occuper. »

Vous auriez donc pu en rester là ; pourtant vous avez choisi d'avancer sur le sujet...

La curiosité aidant, j'ai commencé à m'informer, à regarder des documentaires, écouter des conférences, lire des rapports, etc. Là, je me suis retrouvé sidéré devant l'ampleur de ma propre ignorance, alors même que j'estimais avoir bénéficié d'une bonne éducation et m'informer correctement.

Cette découverte m'a énormément déstabilisé. Mes certitudes de joyeux consultant ont été sévèrement ébranlées et ma vision du monde en a été profondément transformée.

Je me suis alors construit par un long apprentissage, à partir duquel j'ai changé mes habitudes. Dans mon entreprise, j'ai créé mon propre poste afin d'arrêter de prendre l'avion, ce qui m'a permis de diviser mon usage de ce mode de transport par 20 du jour au lendemain. J'ai constaté alors que je pouvais agir significativement et j'ai aussi pris conscience qu'auparavant, le véritable problème était que je n'étais pas prêt à renoncer.

En 2016 arrivent deux événements majeurs. Dans mes lectures, je tombe sur une carte avec un monde à + 5 °C qui montre l'ensemble des zones devenues incompatibles avec la vie humaine. Cela a eu un effet dévastateur sur moi. J'avais l'image d'une locomotive qui me fonçait dessus. C'est aussi l'année de naissance de ma première fille. C'est là que j'ai pu mettre un mot sur mon ressenti, un premier pas pour affronter cette peur qu'on n'appelait pas encore **écoanxiété**. Je m'apprêtais à prendre la responsabilité de père et je ne faisais rien. Le mot « lâche » est apparu dans ma tête. Je profitais d'une vie de privilèges et j'appartenais à une classe qui les protégeait.

J'ai pris alors la décision consciente et formelle de changer de vie. Le lendemain, à peine arrivé au travail, j'ai tapé sur mon clavier le seul nom qui me venait à l'esprit : Al Gore. Les planètes se sont alors alignées. En tête de ma recherche sur Internet, il y avait le « Climate Reality Project »[1], la fondation de l'ancien vice-président des États-Unis devenu activiste. Elle propose un programme qui permet de transmettre les conférences d'Al Gore sur le réchauffement climatique et la fin des inscriptions pour la prochaine session était cinq jours plus tard ! J'ai passé les nuits suivantes à monter un dossier sans vraiment savoir que tout le monde ou presque était pris.

Je suis donc parti en 2017 pour quelques jours à Denver, dans le Colorado. Nous étions 450 dans une immense salle pour un show à l'américaine. C'était un point de départ. Je me suis rendu compte que je n'étais pas seul. Après cette formation, j'ai tout de suite commencé à donner des conférences climat sur la base des contenus d'Al Gore en France. Et j'ai surtout commencé à tisser un réseau international avec des activistes engagés et admirables.

1. www.climaterealityproject.org

Et ensuite ? À quel moment votre engagement a-t-il pris davantage d'ampleur ?

J'ai décidé de saisir toutes les opportunités de rencontres et de donner mon temps à qui voulait le prendre sur le sujet du réchauffement climatique. C'est à cette période que j'ai rencontré Cédric Ringenbach. Nous dressions les mêmes constats sur les enjeux et les blocages avec l'idée que le monde associatif ne rencontrait pas celui des entreprises. À l'issue de ce premier échange, je me souviens que nous avions vaguement parlé d'un jeu.

Quelques semaines plus tard, Cédric m'a rappelé car une université lui demandait une intervention pour 900 étudiants. Il m'a alors proposé de contribuer à une Fresque du Climat géante. Nous devions trouver 30 animateurs, chacun devant ensuite prendre en charge 30 personnes. J'ai été formé et, quelques jours après, nous réalisions notre première fresque au Pôle Léonard de Vinci (La Défense) dans une joyeuse désorganisation.

Sur le moment, l'ambiance était phénoménale, avec des étudiants et des animateurs extrêmement motivés. Nous étions nous-mêmes époustouflés par notre impact. Après cette première expérience, nous nous sommes retrouvés le soir sachant que quelque chose de puissant venait de naître. Le lendemain, la faculté recontactait Cédric pour comprendre. L'université était en proie à une forte agitation, tout le monde ne parlait que de climat. C'est là que j'ai réalisé que nous tenions une pépite entre nos mains car nous avions créé un mouvement fort en seulement quelques heures.

> J'ai réalisé que nous tenions une pépite entre nos mains...

Avec ce nouvel outil, nous avons alors commencé à organiser des fresques partout où nous le pouvions : écoles, collèges, associations, événements publics... Nous avons décidé de former davantage de personnes à l'animation. Charles Sirot (autre membre fondateur de la Fresque du Climat, voir le témoignage précédent) a pris le relais pour trouver des formateurs parmi les participants aux ateliers.

J'ai également arrêté mon travail de consultant à l'été 2018 avec l'ambition de trouver un poste en ligne avec mes aspirations sur le climat. Les entretiens n'aboutissant pas en ce sens, j'ai finalement créé mon propre métier. Pour répondre à l'énorme besoin de transformation des entreprises, j'ai fondé Caristeo, une entreprise de conseil qui accompagne les décideurs voulant relever le défi de l'incompatibilité de la croissance volumique avec les enjeux écologiques.

J'ai passé les premières années à animer des fresques. Dans la dernière phase de l'atelier, nous parlions souvent des écogestes individuels, utiles mais souvent mineurs. C'était frustrant, mais c'est très vite devenu un moyen d'accéder aux directions générales. Avec l'expérience, j'ai adapté mes animations et commencé à obtenir des résultats significatifs. La première fois que le comité exécutif d'un grand groupe s'est engagé publiquement à réduire l'ensemble des émissions de GES et à repenser la croissance de l'entreprise en fonction de cette nouvelle contrainte a été un moment clé pour moi. Voilà qui justifiait mon engagement.

Aujourd'hui, où en êtes-vous ? Et quels sont vos projets ?

Cofondateur de l'association de la Fresque du Climat en décembre 2018, j'en suis devenu le trésorier. En avril 2023, quand nous avons accédé au million promis à la création de l'association, j'ai quitté cette fonction. Je suis toujours instructeur et bien entendu fresqueur bénévole. Dans ce cadre, j'essaie d'augmenter la portée sociale du projet avec des interventions notamment dans le milieu carcéral, ainsi que dans l'enseignement secondaire. En parallèle, depuis 2022, je développe l'équipe de Caristeo qui rassemble une petite dizaine de personnes, toutes engagées en faveur de la réorientation des modèles de croissance.

Pour la suite, ma conviction est que la transition – s'il y en a une – passera par deux leviers, sur lesquels je me focalise. D'une part, un élan populaire qui seul permettra de positionner le climat au bon niveau de l'agenda politique. C'est le sens de mon investissement dans le projet associatif : accroître le niveau d'exigence citoyen par le biais de l'éducation et de la formation. D'où l'importance fondamentale du bénévolat pour le projet de la Fresque du Climat et de l'accès à l'atelier de toutes les catégories sociales, aussi bien en France qu'à l'étranger. D'autre part, la nécessité d'une transformation en profondeur des modèles économiques. C'est le projet de Caristeo, qui vise à repenser la notion même de valeur économique au sein des entreprises, en particulier des grands groupes. Concrètement, il s'agit de regarder en face les ordres de grandeur et les projections pour repenser les modèles d'affaires en tenant enfin compte des limites physiques imposées par la science, mais aussi des réalités et des contraintes qui fondent les règles économiques actuelles.

”

Un **point d'entrée** incontournable pour nos étudiants

- **Laure Bertrand**
- **Née en 318 ppm** (1962)
- **Statut :** enseignante-chercheuse, directrice de « Soft Skills, Développement durable et Carrières » au Pôle universitaire Léonard de Vinci (Paris-La Défense)

Comment avez-vous découvert la Fresque du Climat ?

J'ai découvert la Fresque du Climat en février 2018, et je l'ai immédiatement utilisée dans un cadre pédagogique pour les étudiants du Pôle Léonard de Vinci, où j'anime la direction pédagogique « Soft Skills[1], Développement durable et Carrières » au service de nos trois écoles réunissant plus de 10 000 étudiants : EMLV (management), ESILV (ingénieurs) et IIM (digital). Nous travaillons de façon transverse : nous réunissons les étudiants dans des formations communes en équipes inter-écoles. Nous souhaitons que ces publics différents et complémentaires apprennent à travailler ensemble et à coopérer pendant leur cursus.

Début 2016, nous avons lancé des hackathons pédagogiques pour favoriser le développement conjoint des *soft skills* et des compétences en développement durable et RSE. Chaque hackathon réunit, durant une semaine, tous les étudiants d'une même promotion : 1 500 étudiants répartis en 240 équipes

1. Les *soft skills*, aussi appelées compétences comportementales ou savoir-être, sont des aptitudes, des qualités ou des compétences liées à la personnalité de chacun et qui nous permettent d'évoluer dans la vie, personnelle comme professionnelle. Ce sont par exemple la créativité, l'empathie, la gestion des équipes, la capacité à négocier, la capacité à résoudre des problèmes…

de six sont encadrés par une soixantaine de coachs. Tous traitent de sujets liés à la transition écologique et sociétale (climat, biodiversité, diversité et inclusion, entrepreneuriat à impact positif, technologie et éthique, intelligence artificielle et intérêt général, agriculture durable...) avec l'objectif de rendre les jeunes acteurs du changement. Le dernier jour, chaque équipe doit présenter au jury une solution innovante sur le thème de la semaine. Nous organisons trois hackathons par an depuis 2016, soit 27 au total en mars 2024.

La première Fresque du Climat a été réalisée au Pôle Léonard de Vinci, le 26 mars 2018. J'organisais alors un hackathon qui réunissait quelque 900 jeunes de 18 à 19 ans. J'avais choisi comme thème « Mobiliser pour le Climat » sans disposer de spécialistes dans mon équipe de coachs. Moins de trois semaines avant le démarrage, l'un d'entre eux m'a parlé de Cédric Ringenbach, concepteur du jeu de cartes pédagogique de la Fresque du Climat. Après avoir regardé une vidéo de présentation, j'ai contacté Cédric pour lui proposer d'intervenir.

Une fresque d'une telle ampleur n'avait jamais été déployée, et Cédric ne disposait pas encore de suffisamment d'animateurs. L'atelier n'en était qu'à ses débuts. Il a relevé le défi et nous avons préparé ensemble cet événement inaugural. Il fallait que Cédric trouve et forme des animateurs, que nous formions également nos coachs à l'animation et que nous organisions ensemble la logistique. Le sprint débutait : nous disposions de moins de 20 jours pour tout boucler !

Qu'est-ce qui vous a incitée à vous lancer aussi vite ?

Si je ne connaissais pas la Fresque du Climat, Cédric Ringenbach m'a très vite convaincue. J'ai trouvé que l'approche pédagogique était très riche et convergeait avec nos méthodes d'animation centrées sur la créativité et l'intelligence collective. Cet atelier, à la fois ludique et collectif, correspondait donc tout à fait à la dynamique des hackathons.

Cette première Fresque du Climat a été extrêmement appréciée car elle a créé un formidable élan pour le hackathon. Grâce à elle, dès le premier jour, nos étudiants se sont approprié ce thème du climat pour en faire un sujet de discussion, de débat et d'étonnement. Le **débrief** post-atelier, qui est pour moi une des grandes qualités de la fresque, leur a permis de confronter leurs points de vue, de prendre conscience que certaines de leurs convictions étaient erronées, d'apprendre des connaissances nouvelles.

Quel a été l'impact de cette première Fresque du Climat sur le Pôle Léonard de Vinci ?

L'impact a vraiment été très positif ! Nous avons décidé de valoriser cette première fresque avec un événement particulier. Le 26 mars 2018 au soir, après le premier jour du hackathon, les 150 fresques ont été affichées dans une zone d'accueil du Pôle. Les étudiants ont été invités à venir découvrir les créations de leurs camarades. Les directeurs des écoles et les professeurs sont également venus. Ce soir-là, Cédric Ringenbach a tenu un discours très inspirant pour encourager nos étudiants à poursuivre leur mobilisation autour du climat.

> Cet atelier à la fois ludique et collectif correspondait à la dynamique des hackathons.

Après cette fresque, des professeurs et coachs ont témoigné de leur intérêt pour les travaux du Shift Project et des mouvements de sensibilisation spontanés sont apparus chez nos anciens élèves. Cette première édition a enclenché une dynamique. Les mois suivants, nous avons décidé d'ajouter l'atelier à chaque rentrée étudiante.

En septembre 2023, plus de 1 800 nouveaux étudiants de nos trois écoles ont participé à la Fresque du Climat, sur les campus de Paris et de Nantes.

Nous nous sommes aussi ouverts à d'autres ateliers pédagogiques, comme la Fresque de la Biodiversité, et avons joué les bêta-testeurs en novembre 2019 dans le cadre d'un premier hackathon sur le sujet. Les animateurs de cette nouvelle fresque ont découvert, avec nous, la version imprimée des cartes. Nous avons remis ça au printemps 2023, dans le cadre d'un autre hackathon pour nos 1 500 étudiants de deuxième année.

Et sur le long terme, que vous a apporté la Fresque du Climat ?

Au Pôle Léonard de Vinci, et de manière plus large dans l'enseignement supérieur, nous avons constaté beaucoup d'évolutions positives depuis cinq ans. Il est maintenant devenu évident que les enseignements sur le climat doivent faire partie intégrante de la formation. C'est une recommandation forte des scientifiques, et le climatologue Jean Jouzel, ex-vice-président du Giec, l'a relayée auprès de la ministre de l'Enseignement supérieur. Il est désormais demandé à tous les établissements d'enseignement supérieur de proposer à leurs étudiants un socle minimal de connaissances sur la transition écologique à partir de 2024.

Pour moi, Cédric Ringenbach et son équipe ont joué un rôle très important dans cette prise de conscience en déployant la **Rentrée Climat** dans l'enseignement supérieur. Beaucoup d'écoles et d'universités ont ainsi progressivement intégré la Fresque du Climat dans les cursus.

Et quels sont les projets pour la suite ?

Nous avons commencé à former nos professeurs à la Fresque du Climat. En avril 2023, tous les enseignants de notre école d'ingénieurs ont participé à un atelier. En 2024, c'est au tour de leurs homologues de l'école de management et de l'école du digital. Parallèlement, le 15 janvier 2024, l'ensemble du comité de direction a été formé à l'outil, qui a ensuite été déployé auprès des collaborateurs des services support. Dès la rentrée 2024, nous aimerions que les collègues qui le souhaitent puissent coanimer les ateliers de la Fresque du Climat. Les projets ne manquent donc pas !

”

CHAPITRE #2

Et maintenant, fresquez !

La formation initiale pour animer la Fresque du Climat est facile à suivre. Le nouvel animateur entame alors un véritable parcours d'apprentissage. Pour monter en puissance, il bénéficie des ressources mises à sa disposition par l'association et peut cibler des publics différents grâce aux variantes de la Fresque. Il observe ainsi les effets de l'atelier sur les participants qu'il forme, mais aussi sur sa propre personne.

Fresqueur : mode d'emploi

La formation à l'animation

Devenir **animateur** de la Fresque du Climat est simple. Les candidats doivent obligatoirement avoir participé à un atelier. Ensuite, ils assistent à l'une des deux formations suivantes :

- La première, qui dure entre trois et quatre heures, s'adresse au grand public. Elle est dispensée en présentiel ou en distanciel par des bénévoles de l'association. Elle permet d'approfondir les connaissances sur les enjeux climatiques, les impacts sociétaux et la pédagogie de l'atelier. Les personnes intéressées doivent s'inscrire en ligne sur le site web de la Fresque du Climat.
- La formation en sept heures s'adresse aux salariés qui ont été choisis pour déployer la Fresque du Climat au sein de leur organisation ou aux

candidats qui veulent devenir **fresqueurs professionnels**. Elle est dispensée, en présentiel ou en ligne, par des formateurs plus expérimentés.

À l'issue d'une de ces deux formations, le **fresqueur** peut animer des ateliers. Il rejoint la communauté des animateurs (avec l'accès à de nombreuses ressources pour réussir ses ateliers, se former en continu et communiquer, en interne comme en externe) et prend part aux nombreuses opportunités d'engagement proposées par l'association.

Tout pour réussir son atelier !

Pour animer un atelier de la Fresque du Climat, il faut :

- des **cartes** (à acheter sur le site de l'association ou à imprimer ; penser à toujours prévoir deux tailles de cartes, standard ou mini, pour le cas où les tables seraient étroites) ;
- des **tables** (environ 1 mètre sur 2 mètres autour de laquelle les joueurs peuvent facilement se déplacer) ;
- un **rouleau de papier** d'environ 1 mètre de large (suffisamment grand pour contenir une fresque complète) ;
- du **scotch** ou de la **pâte à fixer** ;
- des **crayons de papier** ou des **critériums** (pour tracer les flèches au début, quand toutes les cartes ne sont pas encore définitivement placées) ;
- des **gommes** ;
- des **feutres** (avec des grosses mines pour mieux dessiner les flèches).

La Fresque du Climat a constitué des packs d'animation contenant tout le matériel. Ils peuvent être prêtés ou loués auprès de l'association et sont stockés chez les **référents** régionaux.

Source : https://fresqueduclimat.org, « Guide d'autoformation », juin 2020.

Animer sa première fresque

Une fois formé, le fresqueur est invité à animer son premier atelier, que ce soit dans un cadre formel ou non (avec sa famille, ses amis, ses collègues...). Cette dernière option peut être difficile à mener ; les proches étant en terrain conquis, ils sont susceptibles de faire des apartés, sans compter qu'ils ne sont pas toujours réceptifs à ce genre de sujet.

L'association recommande plutôt de se positionner comme animateur d'un événement organisé par quelqu'un d'autre, notamment en consultant le calendrier hébergé sur le site web de la Fresque. Les animateurs débutants peuvent ainsi bénéficier de l'expérience de leurs pairs plus aguerris.

Première animation : comment cibler son public

En tant que nouvel animateur de la Fresque du Climat, il est conseillé de commencer par animer des ateliers pour des publics réputés « faciles », à savoir des personnes :

- sensibles au sujet du climat avec une faible connaissance et désirant en savoir plus ;
- volontaires pour participer à un atelier dans leur école, association ou lors d'un événement ;
- que l'animateur ne connaît pas, qui accepteront plus facilement sa posture de facilitateur et avec lesquelles il n'y a pas d'enjeu particulier, car il ne les reverra sans doute jamais.

Par la suite, le fresqueur apprendra à animer des ateliers pour des publics plus « difficiles » comme des personnes :

- sensibles à l'urgence écologique avec un niveau de connaissances élevé et une posture potentiellement peu coopérative. Ces personnes sont susceptibles de le mettre en difficulté, consciemment ou non, en posant des questions techniques pointues ou en monopolisant la parole ;
- en potentielle **dissonance cognitive**, sur les plans tant personnel (empreinte carbone importante) que professionnel (métier en lien avec des activités à fortes émissions de **GES**) ;
- éloignées de son groupe social habituel ;
- qu'il connaît bien mais qui sont éloignées du sujet, voire en opposition (amis et famille, climatosceptiques) et qui sont susceptibles d'adopter une posture peu coopérative, voire hostile.

Les débutantes et les débutants dans l'animation (**ceintures** blanches et jaunes) peuvent démarrer avec un public « facile » car déjà sensibilisé. Pour les publics plus « délicats », mieux vaut être plus expérimenté, à partir du grade de ceinture orange.

Source : www.fresqueduclimat.org, MOOC

> C'est en fresquant qu'on devient fresqueur !

Lors des premières sessions, il est conseillé de s'occuper d'un seul groupe, afin de ne pas être submergé et d'incarner pleinement les différents rôles de l'animateur. Pour se préparer à ses premiers ateliers, le nouveau fresqueur peut se tester avec la Fresque d'Entraînement. Avant de se lancer, il peut aussi s'exercer à l'animation avec d'autres fresqueurs débutants, qui joueront le rôle des participants.

Les rôles de l'animateur

Lors d'un atelier, l'animateur a trois rôles à jouer : organisateur de la session, expert du climat et facilitateur, pour permettre à chacun de trouver sa place et d'exprimer ses émotions.

En tant qu'organisateur, le fresqueur gère la logistique. En amont, il prépare l'événement, notamment les ressources nécessaires à son bon déroulement. Pendant l'atelier, il est le maître du temps, donne les instructions aux groupes et coordonne le déroulement du début à la fin.

En tant qu'expert, il détient la connaissance scientifique et pédagogique. Il connaît le jeu et ses concepts clés ; il fait preuve de pédagogie pour fournir des explications valides et claires aux joueurs.

En tant que facilitateur, le fresqueur se montre bienveillant et assure la médiation. Après avoir donné les instructions, il reste vigilant afin d'aider les groupes ou personnes en difficulté. Il joue le rôle de médiateur en cas de mauvaise entente ou de dysfonctionnement de l'équipe. Il doit parfois gérer les émotions fortes de certains joueurs, surtout lors de la phase de **débrief**. Enfin, il est capable d'animer des débats, de rebondir sur une idée ou de relancer la discussion pour qu'elle reste riche et bienveillante.

Le parcours du fresqueur, une formation continue

La formation initiale fournit les bases au fresqueur pour animer un atelier mais, dans un souci de progression constante, l'association de la Fresque du Climat a mis en place un outil pour les animateurs qui s'appelle le **parcours du fresqueur**. Ce parcours est jalonné d'un certain nombre d'étapes appelées « ceintures ». Comme dans les arts martiaux, un niveau de ceintures sanctionne à la fois les connaissances sur le climat, les compétences d'animation et un certain niveau d'implication dans l'association :

Au début, le fresqueur est **ceinture blanche**. S'il n'est pas à l'aise pour animer seul, il est encouragé à coanimer sa première fresque avec un autre animateur plus expérimenté. Il se doit de peaufiner ses connaissances sur le changement climatique, sur l'ensemble des cartes et leurs interactions.

Après avoir animé sa première fresque, le fresqueur passe **ceinture jaune**. Il anime plusieurs ateliers et devient de plus en plus à l'aise et autonome. Il continue de se former sur le changement climatique et est encouragé à animer des fresques pour l'association (ateliers pour le grand public, pour les écoles et les universités).

Après au moins une dizaine de fresques et avec de très bonnes connaissances sur le changement climatique, l'animateur passe **ceinture orange**. Il peut à son tour accompagner les animateurs débutants dans leurs premiers pas.

Après les ceintures orange, viennent les **ceintures vertes**. Ce sont les formateurs. Ils sont au cœur du fonctionnement de l'association car ils forment les animateurs. Le processus de recrutement est très cadré : il consiste à être coopté par deux autres ceintures vertes, puis observé et validé.

Le dernier niveau correspond aux **ceintures bleues**. Ce sont les **instructeurs**, soit des formateurs avec la compétence de validation d'autres formateurs. Ils ont animé un nombre important d'ateliers et de sessions de formation.

Les animateurs avancent dans ce parcours à leur rythme, selon leurs envies, moyens et disponibilités, le niveau bleu n'étant pas un idéal à atteindre absolument.

À chacun(e) sa fresque !

La fresque pour tous et partout

Outil agile par excellence, la Fresque du Climat se décline en plusieurs versions – Quiz, Junior, Simplifiée et Expert – afin de répondre à tous les besoins. L'atelier peut ainsi être organisé dans tous les contextes : au sein de son cercle familial ou amical, d'associations, d'établissements scolaires et universitaires, d'entreprises et de collectivités locales, d'institutions, de prisons... Ces quatre variantes sont fondées sur la version Adulte et ses 42 cartes (chapitre 1).

- **La Fresque Junior**

La **Fresque Junior** s'adresse aux 9-14 ans afin d'introduire le sujet du climat et planter les graines d'un mode de vie responsable. Cette version contient deux fois moins de cartes que la version Adulte. La plupart des textes et des titres ont été simplifiés et allégés pour s'adapter à une audience plus jeune. Elle peut s'utiliser dans tous les lieux qui accueillent des jeunes publics[1] (MJC, médiathèques, collectivités...). L'animateur doit veiller à respecter les prérequis suivants :

- Les participants savent lire.
- Ils sont capables de comprendre les concepts scientifiques.
- Ils présentent une maturité émotionnelle suffisante.

© Cédric Ringenbach (Photo de la carte n° 18 : © NASA)

1. Depuis mai 2024, Bordas propose un coffret *La Fresque du Climat* pour les enseignants du cycle 3 (CM1, CM2 et 6e) contenant six jeux de cartes de la Fresque Junior, un guide d'utilisation ainsi qu'un accès à des ressources numériques.

- **La Fresque Simplifiée**

La **Fresque Simplifiée** correspond à la version Adulte moins les trois ou quatre cartes les plus complexes : Aérosols (n° 10), Bilan énergétique (n° 14), Forçage radiatif (n° 15) et, éventuellement, Permafrost (n° 41). Elle s'adresse aussi bien aux adolescents de plus de 14 ans qu'aux adultes. Elle facilite la diffusion du message à l'attention de certaines catégories de population (personnes âgées, adolescents, néophytes ou personnes sans parcours universitaire). Cette version sert également aux animateurs débutants auxquels elle permet de prendre confiance progressivement, voire de rattraper l'éventuel retard pris au cours d'un atelier.

Si on garde toutes les cartes, le schéma est le suivant :

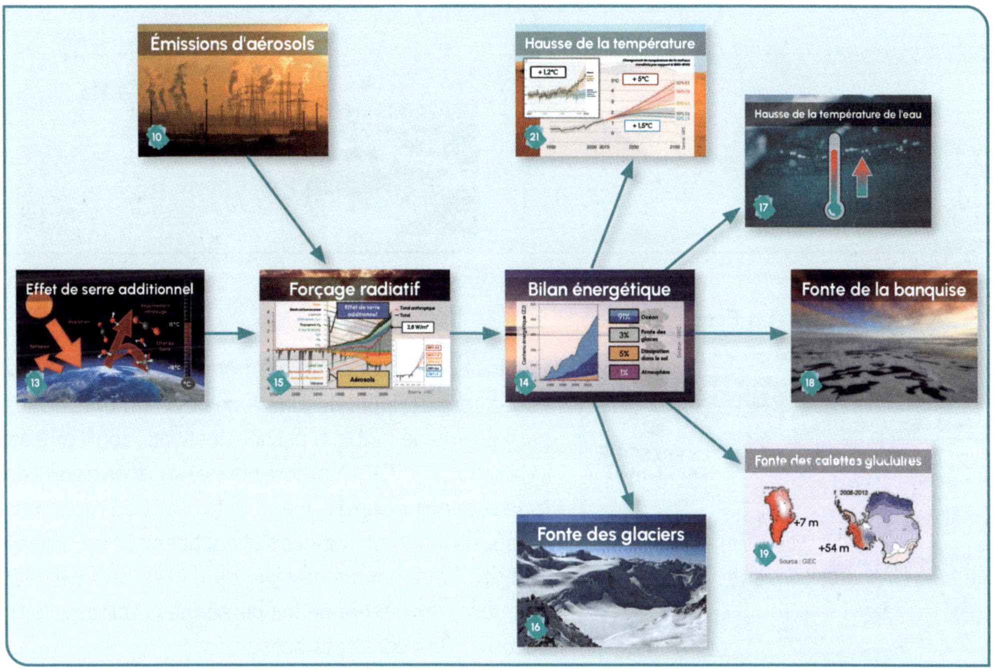

Source : « Guide d'autoformation », https://fresqueduclimat.org/, 2020. Cartes : © Cédric Ringenbach

Si on supprime les cartes 10, 14 et 15, on bascule sur celui-ci :

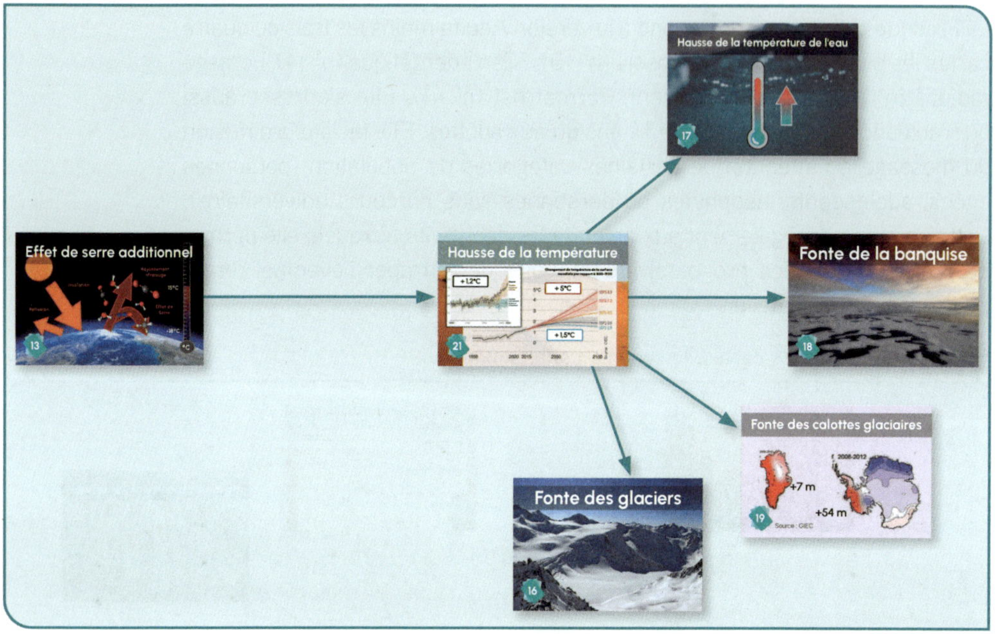

Source : « Guide d'autoformation », https://fresqueduclimat.org/, 2020. Cartes : © Cédric Ringenbach

- **La Fresque Quiz**

https://fresqueduclimat.org

Déclinée en versions Junior et Adulte, la **Fresque Quiz** est un format court destiné à des événements où les participants ne font que passer (festivals, conférences, expositions…). Ce mini-jeu donne un avant-goût de la Fresque du Climat. Dans cette version, quelques cartes sont prépositionnées et cachées sur un tableau vertical. L'animateur dévoile les cartes une par une au public, et questionne les personnes pour leur faire découvrir les concepts présentés.

La Fresque Quiz ne remplace pas un atelier complet mais permet d'appréhender le concept de la Fresque dans un cadre convivial. C'est une ébauche de questionnements sur le changement climatique pour donner envie de participer à un atelier complet.

- **La Fresque Expert**

Conçue comme une extension de la Fresque du Climat, la **Fresque Expert** est un outil pédagogique à destination des animateurs connaissant bien le jeu de base. Elle contient une quarantaine de cartes traitant de mécanismes climatiques méconnus, comme l'artificialisation des sols ou le blanchiment du corail, et s'utilise en complément d'un jeu Adulte. La version Expert permet aux animateurs de renforcer leurs connaissances sur les mécanismes climatiques.

La Rentrée Climat : quand la Fresque s'invite dans les écoles

La **Rentrée Climat** est le nom donné au programme de déploiement de la Fresque du Climat dans l'enseignement supérieur et secondaire. Ce dispositif permet de former une classe, une promotion ou tout un établissement (université, institutions d'enseignement supérieur…) pour les sensibiliser aux enjeux du changement climatique. Le programme est ouvert aux établissements sur l'ensemble de l'année académique. Il existe également une Rentrée Climat junior pour les 9 à 14 ans utilisant la **Fresque Junior**. Les Rentrées Climat ont même essaimé à l'étranger.

Créée en 2019, la Rentrée Climat a mobilisé des dizaines d'établissements et 10 000 étudiants dès sa première édition. À la fin 2023, 300 000 élèves de plus de 2 000 établissements du secondaire et du supérieur avaient été sensibilisés aux causes et aux conséquences du changement climatique.

En plus de son intérêt pour les collégiens, lycéens et étudiants, la Rentrée Climat permet aux fresqueurs de monter en compétence en participant à des événements d'envergure. Animer et coacher lors d'une Rentrée Climat est une étape importante pour valider les **ceintures** tout au long du parcours du fresqueur.

Le Mandat du Climat, ou comment fresquer les élus

Le **Mandat du Climat** est un programme d'accompagnement spécifique des élus et de leurs collaborateurs. L'atelier leur est exclusivement destiné et se déroule en présentiel.

> Le climat change, les élus aussi…

Lors d'une formation dédiée aux pouvoirs publics, le fresqueur est rémunéré pour sa prestation. Il a au préalable suivi la formation de sept heures qui lui a permis d'approfondir ses connaissances, sa posture d'animateur et sa construction du **débrief**. Il est au minimum ceinture orange et ne doit pas être en situation de conflit d'intérêts avec la collectivité fresquée.

Grâce à un institut partenaire de la Fresque du Climat et agréé par le ministère de la Cohésion des territoires, les élus peuvent financer la formation Fresque du Climat par deux dispositifs :

- Le droit « traditionnel » financé par le budget de la collectivité. Ces dépenses obligatoires doivent être comprises entre 2 % et 20 % des indemnités annuelles des élus territoriaux.
- Le droit à la formation dont les élus bénéficient. Le budget de la collectivité n'est dans ce cas pas sollicité.

Du choc initial à l'envie d'agir

La Fresque laisse rarement indifférent. Que ses effets soient immédiats ou non, elle agit, aussi bien sur les personnes qui la découvrent que sur celles qui l'animent.

Si la Fresque du Climat transforme, le changement ne se fait pas au même rythme ni avec la même intensité chez tous. Pour certaines personnes, cet atelier sera un véritable déclic pour changer leur vie. Pour d'autres, il constituera l'étape d'un cheminement plus long.

L'impact sur les fresqués : un séisme, des répliques

Les premiers effets de la fresque se font sentir dès la première participation à un atelier. Celles et ceux qui découvrent la thématique du changement climatique parlent de « choc » ou de « claque ». En prenant conscience des enjeux et de leur ampleur, ils sont bousculés, poussés dans leurs retranchements. Comprendre aide ceux qui ont déjà connu le vertige climatique à aller mieux. Chez les personnes engagées, la Fresque du Climat est perçue comme un outil pédagogique « puissant », « brillant » et « utile ».

> « En trois heures, j'ai compris davantage de choses qu'en quatre mois de recherche sur le climat.
>
> CHARLES SIROT

Toutefois, les ressentis ne sont pas tous positifs. Même si l'atelier est factuel et non culpabilisant, il peut engendrer un sentiment de culpabilité ou de déni associé à d'autres **biais cognitifs** (chapitre 6). L'immensité du problème et la complexité de sa résolution peuvent sidérer ou susciter de la colère. Mais l'atelier se déroule comme une aventure humaine. Ainsi, aborder les **leviers d'action** en point d'orgue redonne de l'énergie et motive les participants à agir. Immédiatement ou après une période de « digestion », une partie d'entre eux va donc lire, chercher, se renseigner. Ils vont ainsi approfondir un sujet qu'ils viennent d'effleurer mais qui les a percutés de plein fouet… et passer du choc à l'envie d'agir.

Quelque temps après l'atelier, bon nombre affirment que la fresque les a transformés, à l'instar de Frédéric Giuli (chapitre 1), qu'elle les a poussés à changer de travail ou de vie. La fresque n'est pas l'unique cause mais elle est décisive. Quelques-uns vont même devenir animateurs. Ils ont trouvé la « brique » qui manquait à leur compréhension du changement climatique et en font une activité centrale.

> Certains affirment que participer à une Fresque du Climat a été le déclencheur d'un changement dans leur vie. **Romane Anquetil**

L'impact sur les fresqués devenus fresqueurs : une irrépressible envie d'agir

Le syndrome de l'imposteur[2] n'est jamais loin ; les participants posent des questions auxquelles les fresqueurs ne savent pas toujours répondre. L'animation constitue un exercice plus compliqué qu'il n'y paraît ; elle nécessite un apprentissage. La montée en compétence implique de se former, de se documenter, de réaliser une veille, de participer à d'autres fresques ou ateliers et incite, parfois, à s'engager dans d'autres associations – le climat n'étant qu'une des neuf **limites planétaires** (chapitre 6). S'engager, c'est aussi donner envie d'agir aux autres. La **dissonance cognitive** peut devenir trop grande et, après avoir cherché à évoluer au sein de leur entreprise, par exemple avec un nouveau poste ou d'autres responsabilités, les plus motivés quittent leur emploi pour se consacrer entièrement à la Fresque du Climat. Certains fresqueurs en

2. Le syndrome ou complexe de l'imposteur se traduit par le sentiment de ne pas être à sa place. Affectant un grand nombre de personnes, même expertes d'un domaine, il leur donne l'impression de ne pas mériter leur réussite, d'avoir « volé » leur place ou d'être moins compétentes que les autres.

> J'ai constaté en profondeur la puissance de transformation pour les gens qui participent à un atelier. **Benoît Marienval**

ont ainsi fait leur métier : ce sont des fresqueurs professionnels exerçant, pour la plupart, en tant qu'indépendants.

Les changements n'interviennent pas du jour au lendemain, mais de manière progressive et constructive, sous l'action de l'outil et de la communauté qui l'entoure. La Fresque motive également les animateurs à être aussi exemplaires que possible. Ils inciteront bien plus les participants au changement s'ils incarnent eux-mêmes la transition. Enfin, animer modifie le rapport aux autres et améliore la confiance en soi, la crédibilité, la légitimité la manière de porter des messages et des convictions.

La Fresque d'Entraînement

Inventée par Thomas Bouichet, animateur, la Fresque d'Entraînement est utilisable partout et permet de s'entraîner avant un atelier.

- **Format :** une feuille A3, disponible sur l'espace animateur du site et à imprimer soi-même.
- **Fonctionnement :** usage individuel. Schéma d'une mini-fresque (l'emplacement des cartes et flèches est déjà imprimé sur le support) avec les mini-cartes à découper à part puis à positionner.
- **Contexte/utilisation :** pour les nouveaux animateurs souhaitant apprendre par cœur la correction de la fresque.
- **Durée :** 15 minutes au début, avec un objectif d'une minute par la suite.

Source : https://fresqueduclimat.org, « Guide d'autoformation », juin 2020.

Un atelier pour avoir toutes les cartes en main

L'atelier de la Fresque du Climat est construit pour rendre l'expérience aussi agréable et efficace que possible. L'animateur dispose de nombreux moyens pour maintenir l'attention des participants et leur faire passer un bon moment.

Dès le début de la séance, un ou plusieurs *icebreakers* (« brise-glaces ») sont utilisés pour mettre tout le monde à l'aise. Puis, la genèse du jeu et les rapports du **Giec** sont l'occasion d'évaluer sommairement les connaissances des participants sur le changement climatique. Viennent ensuite l'explication du fonctionnement de l'atelier et des principes de la pédagogie active : l'autonomie et la collaboration ainsi que le droit de se tromper pour favoriser l'apprentissage. L'ensemble de l'atelier a été conçu pour que chaque participant s'investisse volontairement dans les différentes phases : distribution des cartes, lecture à voix haute des informations, choix du titre et dessins sur la fresque, proposition de leviers d'action...

Les ressources de l'animateur

Pour compléter ses connaissances, l'animateur débutant dispose de nombreuses ressources :

- Le site web de la Fresque du Climat : informations générales sur le jeu et l'association avec un onglet spécial contenant l'espace animateur, le compteur, une FAQ, les dates d'ateliers à animer... On y trouve notamment :
  - le Guide d'autoformation ;
  - l'Antisèche de l'animateur ;
  - des vidéos avec des exemples de **restitution** et de **débrief**.
- La possibilité de contacter un membre de l'association plus expérimenté, son formateur ou une autre personne.
- Un lien vers le groupe Facebook des animateurs.
- Le Wiki du Climat avec pour chaque carte une description, des exemples concrets, des explications théoriques, des sources scientifiques et des ressources complémentaires. Les relations avec les autres cartes (causes et conséquences) sont également explicitées grâce à la FAQ.
- En dernier recours, la possibilité de contacter la permanence de l'association.

Source : Guide d'autoformation, Fresque du Climat, https://association.climatefresk.org/resources

L'enchaînement des lots de cartes permet d'augmenter progressivement le niveau de difficulté du groupe, en particulier pour expliquer certains phénomènes et concepts scientifiques complexes. La fresque dans son ensemble met en évidence l'aspect systémique des problématiques climatiques : les conséquences sont elles-mêmes les causes d'autres impacts. Causes et conséquences ne découlent pas les unes des autres de manière linéaire : une cause peut avoir plusieurs effets, et une conséquence plusieurs causes.

En plus du déroulement du jeu, certaines cartes rendent l'apprentissage ludique. Par exemple, deux cartes vont s'assembler pour que leurs graphiques se lisent en miroir, d'autres se ressemblent au premier abord et conduisent à une erreur d'interprétation, puis à un décryptage.

Enfin, le **tour des émotions** des participants se révèle être un sas de décompression et une respiration nécessaire, tandis que la **matrice des solutions** les invite ensuite à passer à l'action, chacun à son niveau.

L'ensemble de ces dispositifs et astuces d'animation permet à l'animateur de dérouler son atelier et de créer une émulation.

Ouvrir les **horizons** autour du changement climatique

© OID

- **Sakina Pen Point**
- **Née en 353 ppm** (1989)
- **Statut :** créatrice de la Fresque Expert, animatrice de la Fresque du Climat et de la Fresque Océane, chargée de mission à l'Observatoire de l'immobilier durable (OID)

Comment avez-vous pris conscience de l'urgence climatique ?

Cette prise de conscience est intervenue pendant mes études : en 2009, j'étudiais la physique fondamentale en lien avec les dynamiques atmosphériques à l'université Pierre-et-Marie-Curie (Jussieu) à Paris. J'ai été surprise de constater l'énorme écart entre la pertinence et le niveau de certitude des données scientifiques sur le climat et sidérée par la quasi-absence de celles-ci dans les médias. Les liens entre l'augmentation du CO_2 atmosphérique et l'acidification des océans étaient présentés comme encore discutables, alors que les experts étaient formels.

J'ai été également frappée du fait que ni enseignants ni étudiants n'envisageaient les conséquences économiques et sociales du réchauffement climatique.

Comment cette prise de conscience s'est-elle traduite ?

Face à ce constat, j'ai orienté mes études pour aborder ces questions de façon directe. Après un master 1 à l'université Pierre-et-Marie-Curie, avec pour spécialité l'océan, l'atmosphère, le climat et les observations spatiales, je suis partie en Angleterre, à l'université de Reading, pour suivre un Master of Science intitulé « Climate Change and Development » que j'ai obtenu en 2014. J'ai poursuivi avec un master de physique-chimie de l'air et des océans à l'université Paul-Sabatier de Toulouse.

Mon souhait : travailler pour informer le grand public sur le changement climatique. Je n'ai hélas trouvé aucun poste. J'ai alors rejoint l'Éducation nationale en tant que professeure de physique-chimie et j'ai volontairement choisi un collège en Réseau d'éducation prioritaire (REP), à Villeneuve-Saint-Georges (Val-de-Marne). Or les élèves, une fois qu'ils avaient compris les enjeux, me posaient systématiquement la question des actions des adultes pour limiter le réchauffement. Il me fallait donc changer de public pour m'adresser aux personnes susceptibles d'avoir de l'impact par leurs décisions. En parallèle, je m'impliquais comme bénévole dans plusieurs associations, grâce auxquelles j'ai rencontré Cédric Ringenbach, qui allait former un groupe d'une petite dizaine de personnes à la Fresque du Climat. J'ai trouvé le jeu très abouti et bien construit et j'ai rejoint l'aventure en tant qu'auto-entrepreneure.

À partir de la Fresque du Climat classique, vous avez décliné la Fresque Expert entre juillet et septembre 2018. Comment l'avez-vous mise au point ?

Nous avons commencé par réfléchir ensemble sur les besoins et les messages à transmettre. Il s'agissait d'ouvrir les horizons sur des sujets plus larges qui avaient un impact ou un lien avec le changement climatique. Nous abordions notamment des concepts en rapport avec ce que nous nommons désormais « **limites planétaires** ». Il s'agissait également de traiter des points sur lesquels il n'y avait pas encore de consensus scientifique.

> Le climat fait désormais partie de la culture générale.

Le résultat est un jeu d'une quarantaine de cartes supplémentaires qui viennent compléter les 42 que compte le jeu de base. Les problématiques examinées sont aussi variées que le réchauffement des pôles, la domination de la vapeur d'eau sur le CO_2, le blanchiment du corail, l'augmentation de la population, la diminution des ressources, l'artificialisation des sols, la montée des extrémismes, etc.

L'atelier est uniquement destiné aux personnes ayant déjà animé une dizaine de fresques. Il est plus complexe puisqu'aux relations marquées par des flèches sur une feuille s'ajoutent des ficelles qui passent au-dessus des cartes. Les participants abordent davantage de notions que lors d'une fresque classique, en particulier les interactions entre toutes les composantes environnementales : on constate à quel point l'humanité est loin de maîtriser la complexité du système Terre. Ils réalisent également que le technosolutionnisme[1] ne peut pas fonctionner dans un système aussi imbriqué, où chaque modification engendre des conséquences non maîtrisées.

Vous avez ensuite réalisé régulièrement des fresques entre 2018 et 2019. Que retenez-vous de cette période ?

J'ai surtout vu les mentalités évoluer rapidement. À l'origine, les personnes qui participaient à des fresques venaient volontairement. Elles connaissaient donc déjà le sujet et une partie des problématiques. Mais quand les fresques ont été déployées dans les entreprises, les personnes venaient parfois par obligation sans considérer que l'enjeu était capital.

J'ai donc pu discuter avec des participants qui n'étaient ni convaincus ni même intéressés par le sujet. Je constate qu'aujourd'hui ce cas de figure se présente de moins en moins. Mes interlocuteurs sont davantage conscients des enjeux : tous s'accordent, le climat fait partie de la culture générale.

Cet exercice régulier de vulgarisation scientifique m'a également permis d'évoluer professionnellement. Car si je maîtrisais déjà les aspects purement physiques, animer régulièrement des fresques m'a rendue particulièrement à l'aise avec les questions du grand public. J'ai ainsi pu travailler pour l'Office for Climate Education, puis pour l'Observatoire de l'immobilier durable (OID), où je suis toujours.

”

1. Idée selon laquelle l'innovation technologique pourrait résoudre les problèmes sociaux et écologiques qu'elle a souvent contribué à créer.

Une réelle **libération**

- **Benoît Marienval**
- **Né en 357 ppm** (1993)
- **Statut :** instructeur (formateur de formateurs), pilote historique de la Rentrée Climat, ex-administrateur et trésorier de la Fresque du Climat, cofondateur d'Essaim d'avenir et de Kosmogonia

Quel a été votre parcours au sein de l'association La Fresque du Climat ?

Après avoir participé à un atelier début 2019, je me suis rapidement formé à l'animation car j'ai été séduit par la puissance pédagogique de cet outil et par la force du collectif. La Fresque du Climat a été un catalyseur radical de changements : je suis passé à mi-temps dans mon travail pour m'investir dans le développement de l'association. Je suis ensuite devenu formateur d'animateurs, puis j'ai commencé à coordonner des événements de l'association. Début 2020, j'ai quitté mon emploi pour consacrer l'essentiel de mon temps à la Fresque. Puis le confinement nous a obligés à passer la Fresque du Climat en version distancielle. J'ai ensuite piloté pendant plus d'un an le programme **Rentrée Climat**. En parallèle, je suis devenu **fresqueur professionnel** et, avec ma compagne, nous avons créé notre entreprise, Essaim d'Avenir. J'ai aussi siégé au conseil d'administration de l'association durant deux ans et demi, et j'ai fait partie du bureau en tant que trésorier.

Quels effets de la Fresque sur les participants avez-vous pu constater ?

En quatre ans, j'ai « fresqué » plus de 1 500 personnes et j'en ai formé plus de 600 à l'animation d'ateliers. J'ai donc constaté en profondeur la puissance de transformation pour les gens qui participent à un atelier, pour les organisations qui la déploient, mais aussi et surtout pour celles et ceux qui se forment à l'animation. Les changements vont d'un nouveau métier à des valeurs et comportements renouvelés en passant par des trajectoires de vie chamboulées. C'est fortement lié à l'outil mais sans doute aussi à la communauté et à sa culture collective. Tous les fresqueurs partagent des valeurs communes et, lorsqu'ils se rencontrent, la relation sociale est intense. En très peu de temps, la Fresque génère un socle de valeurs et une culture qui facilitent la communication, la proactivité, les échanges et l'émergence de projets dans une ambiance conviviale, sincère et très enthousiasmante.

La Fresque du Climat ne vise pas à déprimer le public : elle porte un regard constructif sur l'avenir en général, même si les enjeux abordés donnent le vertige et peuvent être source d'anxiété. On trouve dans ce réseau beaucoup de joie et une forte mobilisation dans une forme de « militantisme pédagogique » qui est pour moi un mode d'action source de beaucoup d'espoirs et d'ondes positives.

Avez-vous réussi à évaluer l'impact de la Fresque du Climat sur les participants aux ateliers ?

S'il est impossible d'évaluer l'impact exact d'un atelier sur les personnes y participant, tous les animateurs constatent des effets récurrents que je classerais en trois catégories selon le profil des individus : tout d'abord, les personnes qui ne connaissent rien au changement climatique. Le choc est souvent violent car la prise de conscience des enjeux climatiques impose une remise en cause de notre manière d'habiter la planète et le besoin urgent de questionner de nombreux éléments de nos vies, de nos comportements, de nos choix et de l'avenir. Cela peut donner le vertige. Les personnes qui n'ont pas l'habitude de prendre autant de hauteur se trouvent bousculées, d'où un nécessaire accompagnement prodigué en atelier.

La seconde catégorie se compose des personnalités déjà plus ou moins conscientes du changement climatique mais qui, grâce à l'atelier, le regardent avec une clairvoyance sans précédent. Cette nouvelle forme de prise de conscience, parfois difficile, s'accompagne d'une sorte d'euphorie car comprendre leur fait du bien. Ces personnes ont un très bon profil pour se former à l'animation de l'atelier.

La dernière catégorie rassemble celles et ceux qui ont déjà bien compris la problématique et l'ampleur du défi climatique. Ce sont des animateurs dans l'âme car l'outil leur permet d'approfondir et de développer leur posture pédagogique.

Quels sont les effets ressentis lors de chaque phase de l'atelier ?

L'atelier se mène en quatre phases distinctes avec autant d'effets. Dans la première phase, relative aux causes et aux conséquences du changement climatique, les participants sont pleinement à l'écoute et ouverts car la pédagogie les implique dans la résolution de ce « jeu sérieux ». Se passe alors une prise de conscience des enjeux, et le fait d'être actif durant l'atelier maximise la profondeur de cette prise de conscience.

La deuxième phase, celle de créativité, comprend un objectif majeur : offrir un sas de décompression entre la prise de conscience, parfois sidérante, de la première phase, et la suite où l'on va pouvoir exprimer ses émotions. Durant la **partie créative**, on est invité à écrire, dessiner, plaisanter, prendre du recul, faire une pause...

Dans la troisième phase, on demande aux participants d'exprimer leurs ressentis et leurs émotions, en répondant à une question centrale : « Comment est-ce que je me sens par rapport à ça ? » Cette phase propose un espace où s'exprimer librement et en sécurité avec différentes méthodes d'écoute active. S'il est bien encadré, ce moment peut se révéler extrêmement puissant. Dans cette phase, certains individus ont la gorge nouée, des larmes peuvent parfois couler, mais la joie et la gratitude sont souvent de mise. Dans notre société, où les émotions et leur expression sont peu valorisées, ce moment est donc parfois très intense et il est important de bien l'accompagner.

Dans la dernière phase, une fois les enjeux bien compris et ancrés, les émotions exprimées et écoutées, le groupe prend réellement forme et est invité à se mettre en action. À partir de là, les participants proposent des solutions et repartent souvent de l'atelier avec la satisfaction d'avoir compris le sujet et aussi l'envie d'agir.

L'impact est donc très fort : c'est une immersion cognitive et humaine en trois heures. La fresque fonctionne suivant une pédagogie appelée « **alignement tête-cœur-corps** » : la prise de conscience en phase 1 par la tête, le partage de ressentis en phase 2 par le cœur, la mise en mouvement en phase 3 et l'idéation d'actions concrètes en phase 4 par le corps.

Si culpabilité et déni peuvent apparaître, l'atelier invite à ne pas en rester là, à transformer ces émotions en quelque chose d'utile et de positif. Au bout de quelques heures, semaines ou mois, ces sentiments se transforment en action. Les animateurs et animatrices plantent une graine, parfois un arbre tant l'atelier engendre de changements directs et mesurables chez les individus ou dans les organisations.

Retrouve-t-on des effets similaires chez les animateurs ?

Pour les personnes qui animent, l'impact est encore plus fort. Elles ont été « fresquées » une première fois et se retrouvent ensuite dans la posture pédagogique d'animer l'atelier, donc de transmettre la connaissance des enjeux à d'autres. Certaines animent des ateliers dans le cadre du déploiement de la Fresque dans leur entreprise, ce qui représente un changement professionnel majeur. Au cours de la formation, elles découvrent la ferveur du projet. On insiste sur le fait que les animateurs sont à la fois légitimes et capables de se lancer. On leur met le jeu entre les mains, puis on leur dit : « À toi de jouer, tu vas expliquer ce sujet aux autres ! ». Là aussi, cela implique une évolution : pour être sérieux dans cette aventure, il n'y a d'autre choix que de fortement se questionner et souvent changer de mode de vie, afin d'éviter une **dissonance cognitive** insoutenable. Pour expliquer à quel point nous allons devoir évoluer si nous ne voulons pas détruire les conditions d'habitabilité de la planète, les animateurs doivent approfondir le sujet, regarder des conférences en ligne, en parler autour d'eux, se former davantage… d'où un engagement fort.

> Le climat n'est qu'un sujet parmi d'autres à appréhender.

Au début, nous étions quelques dizaines d'animateurs actifs, puis quelques centaines, et maintenant nous sommes plusieurs dizaines de milliers. La Fresque du Climat comptait près de 70 000 animateurs à la fin 2023. Tous ne sont pas actifs mais tous ont entrepris la démarche. La communauté dépassera bientôt 100 000 facilitateurs et facilitatrices de tous âges et horizons. Une fois formée, chaque personne monte en compétence, participe à d'autres fresques, anime des ateliers et comprend que le climat n'est qu'un sujet parmi d'autres à appréhender. C'est totalement inédit !

Assistez-vous à une prise de conscience inattendue ?

La Fresque du Climat peut être un outil de délégation de l'engagement individuel à l'**intelligence collective**. Il permet alors à l'entourage de se rendre compte de l'ampleur des enjeux, le côté magistral en moins. Rapidement, ces personnes passent du statut d'écologiste radical, agaçant et maladroit, à celui de pédagogue pertinent et légitime. C'est une réelle libération !

Les acteurs qui « prennent une claque » connaissent une baisse de moral momentanée mais remontent rapidement la pente, notamment en rencontrant des pairs engagés, qui ne sont pas déprimés mais plutôt heureux d'agir, les aidant ainsi à dépasser leur **écoanxiété**. Dans ce cas, la communauté est un réel moteur.

»

La Fresque du Climat en pratique : pédagogie active et alignement tête-cœur-corps

L'atelier de la Fresque du Climat est fondé sur des principes de pédagogie active. On encourage les participants à être actifs, engagés et responsables de leur propre apprentissage tout au long de l'atelier. Cette approche se démarque de modalités descendantes plus traditionnelles, avec un sachant qui transmet des connaissances à des personnes qui seraient des réceptacles passifs.

Les principes clés de la pédagogie active sont :
– **la participation :** le groupe est encouragé à participer activement à l'atelier par la manipulation des cartes, leur agencement, les discussions entre membres du groupe et avec l'animateur ;
– **l'apprentissage collaboratif :** la collaboration entre participants est encouragée. Chacun peut apporter ses connaissances, ses questionnements, sa compréhension du sujet à travers les cartes. Les échanges d'idées et la réflexion collective sont favorisés ;
– **l'autonomie et la responsabilité :** les participants sont incités à prendre en charge leur propre apprentissage. Ils sont encouragés à poser des questions, à explorer des sujets qui les intéressent. L'animateur facilite ce processus plutôt que de délivrer des connaissances préétablies ;
– **la résolution de problème :** dans la dernière partie de l'atelier, l'accent est mis sur la résolution de problème et sur la pensée critique. Les participants sont encouragés à analyser, à évaluer et à envisager des solutions par eux-mêmes.

La pédagogie active a démontré ses avantages, au premier rang desquels une meilleure mémorisation des connaissances, une plus grande motivation, une résolution de problème améliorée et une meilleure préparation pour relever les défis du monde réel. Elle favorise également le développement de compétences non seulement académiques, mais aussi sociales et émotionnelles.

L'**intelligence collective** et la **coconstruction** de la fresque sont galvanisantes en phase de **débrief**. Elles génèrent des interconnexions et permettent de prendre conscience de l'ampleur du défi à relever pour faire face à la crise climatique.

La chronologie de la phase de débat peut être résumée par le **triptyque « tête-cœur-corps »** :

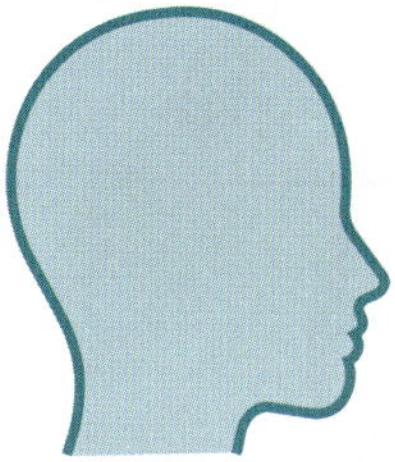

- **Tête :** il faut comprendre le problème, pour se sentir motivé et penser à des solutions pertinentes et adaptées. Après avoir construit la fresque, qui présente les bases scientifiques du problème, l'animateur complète la compréhension par quelques faits et ordres de grandeur. Par exemple, d'ici à 2050, il faut diviser par cinq l'empreinte carbone moyenne par personne en France pour atteindre deux tonnes et respecter ainsi l'Accord de Paris signé lors de la COP21.

- **Cœur :** le problème doit nous toucher, nous devons le ressentir, car si nous ne nous en préoccupons pas, nous n'agirons pas. La culture, le manque de pratique ou la présence d'inconnus à l'atelier sont autant de raisons pour lesquelles les participants peuvent se sentir mal à l'aise au début. Le plus simple est de faire un tour de table où chaque personne partage ses émotions. Des outils visuels tels que la roue des émotions (chapitre 1) ou l'arbre d'Ostende peuvent être utilisés pour aider les participants à identifier leurs ressentis.

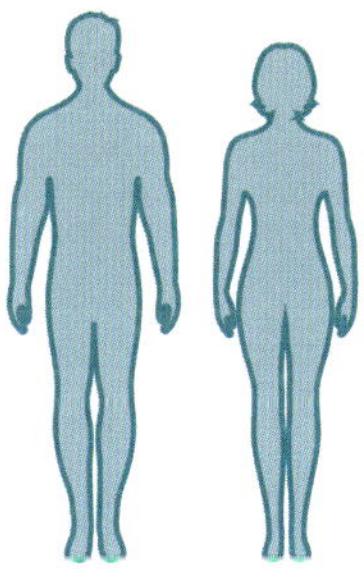

- **Corps :** nous devons penser que l'action est à notre portée, que nous avons un pouvoir et que des solutions existent. Il s'agit d'une dynamique fondamentale dans l'atelier. De nombreux animateurs commencent par une session de *brainstorming*, en demandant aux participants d'écrire des idées de solutions, avec des Post-it de couleurs différentes selon le champ d'application (individu, entreprise ou gouvernement). Ces idées peuvent ensuite être placées sur une matrice, dont l'un des axes correspond à l'« impact » et l'autre à la « facilité de mise en œuvre ». Au fur et à mesure que les participants placent leurs idées sur la matrice, des opportunités d'échange se créent autour des pistes proposées.

Source : https://fresqueduclimat.org

Donner aux enfants des **informations justes et adaptées**

- **Vanessa Filhol**
- **Née en 333 ppm** (1977)
- **Statut :** responsable communication

© Camille Filhol

Dans quel contexte avez-vous réalisé une Fresque du Climat Junior ?

C'était en 2021, pour la classe de CM2 de ma fille scolarisée à Suresnes (Hauts-de-Seine). La mère d'un élève avait créé un groupe de parents volontaires pour organiser des modules de formation adaptés aux différentes classes. Notre fil directeur était l'eau cette année-là. Nous voulions proposer ce corpus aux enseignants afin qu'ils puissent choisir des contenus correspondant à leurs cours.

Parmi les suggestions, on trouvait aussi bien des lectures pour les plus petits, qu'un spectacle sur le cycle de l'eau ou un exposé sur l'importance de l'hydratation pour la santé. Quelques années plus tard, une Fresque du Climat Junior a été proposée aux CM2.

J'avais déjà participé à deux ateliers à titre personnel et professionnel. C'est donc tout naturellement que je me suis formée pour devenir à mon tour animatrice et aller, avec deux autres parents, fresquer la trentaine d'élèves de la classe.

Que retenez-vous de la formation pour devenir animatrice ?

Sensibilisée aux questions environnementales depuis une quinzaine d'années, je lisais des rapports, des auteurs comme Pierre Rabhi ou Baptiste Morizot, des articles de presse, etc. Si ces lectures me permettaient d'engranger des connaissances, il me manquait une vision d'ensemble pour bien comprendre les liens entre les thématiques, par exemple entre biodiversité et climat. C'est en participant à une Fresque du Climat que j'ai réussi à faire la synthèse des connaissances acquises et à appréhender la cohérence globale. J'ai donc trouvé l'exercice particulièrement puissant.

La formation à l'animation proprement dite m'a permis d'approfondir l'apport des différents temps de l'animation. Les discussions en petit groupe ont été riches également et, surtout, les ressources de l'espace animateur en ligne m'ont été précieuses. Ces documents constituent une mine d'or.

Comment vous êtes-vous préparée pour l'animation auprès d'enfants d'une dizaine d'années ?

Ma priorité était de donner aux enfants des informations à la fois justes et adaptées à leur âge. J'ai donc beaucoup lu sur le climat et je me suis constitué un lexique d'une vingtaine de définitions (effet de serre, matière organique, cycle de l'eau, etc.).

Avec les deux autres parents animateurs, nous nous sommes organisés pour gérer le temps de nos quatre tables de la même façon. Nous avions prévu une introduction avec quatre thèmes : les objets, la maison, l'alimentation et les transports. Nous avons ainsi adapté le déroulé pour respecter le temps imparti. L'objectif était de délivrer un discours commun à tous les enfants lors des différents temps forts de l'atelier.

Comment s'est ensuite déroulée la Fresque Junior ?

La principale difficulté a été de gérer les différents niveaux d'attention. Certains enfants se sont pris au jeu immédiatement, d'autres se sont montrés moins concentrés. Nous avions réparti les groupes dans deux salles, la classe et une pièce attenante. Sans la maîtresse, gérer le niveau sonore s'est révélé compliqué.

En dehors de ces difficultés, je retiens le moment fort du **tour des émotions** où nous avions laissé aux enfants la possibilité de partager leurs ressentis à l'oral ou à l'écrit. Un mot est ressorti : « coupable » ! Celui qui l'avait noté a ensuite pris la parole pour partager sa culpabilité. J'ai donc expliqué que les enfants ne sont pas responsables des actes des générations précédentes.

Une autre élève a pris la parole, les yeux pétillants, pour proposer des idées de son âge. En l'occurrence, elle a suggéré de relier tous les vélos du monde à une puce afin de collecter l'énergie du pédalage pour alimenter les autres transports.

> Je retiens le moment fort du tour des émotions.

Nous les avons fait réfléchir à des solutions. Ils ont par exemple proposé de devenir végétariens, de consommer local, d'acheter des jeux d'occasion, de les faire durer plus longtemps, etc. Une forme de **sobriété** a émergé de leurs propositions. À la fin, nous leur avons raconté la légende du colibri qui nous dit, de façon poétique, que nous pouvons tous « faire notre part ». Nous leur avons donné un colibri à colorier chez eux en leur demandant d'inscrire en dessous l'action que chacun souhaitait mener. La maîtresse a affiché les productions des enfants sur l'un des murs de l'école.

Quels retours d'expérience tirez-vous de votre Fresque Junior ?

Je m'interroge sur la formulation des cartes qui conjugue les verbes à la première personne du singulier : « Je mange de la viande », « Je prends la voiture ou l'avion », « Je m'achète des choses », « J'allume la clim ou le chauffage » – une tournure culpabilisante pour un jeune public qui n'a pas accès au pouvoir de décision.

Si je devais organiser un nouvel atelier, je privilégierais un public de collégiens car la Fresque du Climat me semble plus adaptée à cette classe d'âge. Coorganiser un tel événement facilite grandement la tâche des animateurs. Convaincre les enseignants, bloquer les agendas, préparer le matériel et les ressources pédagogiques pertinentes… Tout cela demande un temps et une énergie qu'il est plus facile de mutualiser.

CHAPITRE #3

Ça fresque en entreprise !

Le déploiement de la Fresque du Climat dans les entreprises permet de sensibiliser des publics variés, en particulier des personnes qui n'auraient peut-être jamais eu l'occasion de participer à l'atelier dans un autre contexte. Les premiers à être impactés sont souvent les animateurs qui appartiennent aux effectifs de l'entreprise. Ce sont aussi ceux qui font le plus de chemin personnel sur le sujet du climat.

Quand la Fresque du Climat s'invite dans les organisations

De plus en plus d'entreprises s'intéressent à la lutte contre le changement climatique. Certaines ont intégré l'importance de ce sujet ainsi que celle du dépassement des limites planétaires car elles subissent des pressions grandissantes de la part d'acteurs aussi variés que leurs clients, leurs concurrents, leurs collaborateurs, le législateur et même certains jeunes diplômés dans leurs effectifs.

Dans ce contexte, la Fresque du Climat sert à sensibiliser les équipes et, idéalement, à conduire au renforcement de leur engagement pour l'environnement. Elle est introduite dans ces entreprises par les salariés ou par la direction.

Du côté des collaborateurs, la Fresque arrive souvent par le biais d'un salarié qui a participé à un atelier avec des amis ou bien d'un autre qui a assisté à une **Rentrée Climat** (chapitre 1) dans son ancienne école. Cela peut aussi être le service RSE ou un collectif interne qui cherche à sensibiliser ses collègues. Le processus est similaire pour les dirigeants qui entendent parler de la Fresque par des amis, des clubs ou des associations professionnelles, voire par le démarchage commercial d'un fresqueur.

Une fois la décision prise de déployer la Fresque du Climat, une entreprise peut travailler directement avec le fresqueur qui l'a contactée ou, si elle ne connaît encore personne capable de l'accompagner, demander un devis à l'association, qui la mettra en relation avec des fresqueurs professionnels géographiquement proches et connaissant son secteur d'activité. L'association faisant face à des demandes croissantes, une équipe d'une quinzaine de personnes est maintenant dédiée à ces demandes spécifiques. En 2022, des milliers d'entreprises ont ainsi été sensibilisées grâce à la Fresque du Climat et près de 300 000 collaborateurs ont participé à l'atelier dans le cadre de leur travail.

La démarche et le choix de déployer l'atelier auprès de tous les collaborateurs sont propres à chaque société. Pour certaines, il s'agit seulement de sensibiliser les plus hautes instances (comité exécutif, cadres dirigeants…), pour d'autres toutes les équipes doivent réaliser l'atelier. En fonction des choix et des situations, un ou plusieurs fresqueurs extérieurs se rendent dans l'entreprise et organisent les ateliers, ou certains collaborateurs suivent une formation spécifique pour devenir eux-mêmes **animateurs** et sensibiliser leurs collègues. Cette formation de sept heures dédiée aux organisations permet d'approfondir les connaissances sur le climat et de préparer à la posture requise pour animer des ateliers à différents niveaux en entreprise. Elle est obligatoire pour les animateurs internes et fortement recommandée pour les fresqueurs professionnels. Quel que soit le mode de déploiement, l'idéal est de nommer un **référent**, extérieur ou interne à l'entreprise. Il sera chargé d'accompagner les animateurs débutants et de veiller au bon déploiement de la Fresque.

> « La culture de l'association encourage l'esprit d'initiative et les fresqueuses et les fresqueurs s'y reconnaissent. Ils tentent, testent, vont là où on ne les attend pas. **Nicolas Froissard**

Assurer un déploiement optimal pas à pas

Idéalement, les premiers fresqués dans une entreprise seront les membres de l'équipe dirigeante. Une fois qu'ils auront mesuré l'ampleur des enjeux, ils prendront alors le sujet au sérieux et créeront les conditions optimales pour déployer l'atelier auprès de leurs équipes.

Du côté des collaborateurs, les plus motivés sont souvent les premiers à participer. L'intérêt du sujet, la pédagogie créée avec les cartes et les retours des personnes ayant déjà participé à un atelier incitent ensuite leurs collègues à s'inscrire. Selon la taille de l'entreprise, le déploiement peut s'échelonner sur plusieurs années.

Comme le résume d'ailleurs le responsable du déploiement de la Fresque du Climat au sein d'un grand groupe français : « La première année a été celle de la construction, la deuxième celle de la consolidation, la troisième a vu l'autonomisation et la quatrième année a été celle de la banalisation de la Fresque. Il ne restait alors que les moins convaincus à ne pas avoir participé à l'atelier. »[1]

L'offre d'animation Fresque du Climat pour les organisations

Lorsqu'une entreprise contacte la Fresque du Climat, elle exprime soit un besoin, soit une envie. Parfois, il s'agit d'une simple demande d'informations ; d'autres fois, l'entité a déjà prévu de « fresquer » 50 000 personnes. Dans tous les cas, les échanges concernent l'équipe Offre et programmes de l'association (voir le témoignage de Thomas Dayraud). Ses membres qualifient le besoin et réalisent la proposition commerciale. Une fois cette dernière validée par le client, l'offre est publiée au sein du réseau d'animateurs. Quel que soit le client, à volume équivalent, le niveau de rétribution proposé est standard et transparent.

Être ceinture verte ou bleue est un préalable obligatoire pour tout animateur souhaitant fresquer en entreprise *via* l'association. Afin que celle-ci dispose d'une base interne de plusieurs centaines de *curriculum vitæ* répondant à ce niveau d'exigence, chaque animateur passé ceinture verte remplit un CV détaillant son expérience de la Fresque du Climat, ses autres expériences, sa localisation et ses préférences quant aux secteurs d'activité. Les animateurs candidatent auprès de l'association. L'équipe Offre et programmes détermine les quatre ou cinq profils les plus pertinents. Bien connaître le secteur d'activité du client compte parmi les principaux critères de sélection.

Après anonymisation des CV, la sélection est envoyée au client qui choisit un animateur ou une animatrice qui sera ensuite chargé(e) de toute l'organisation, en particulier de constituer son équipe si la mission nécessite plusieurs intervenants.

1. Source : Rapport d'activité 2022 de l'association de la Fresque du Climat, « Live du Million », mars 2023.

Les fresqueurs en entreprise, ou les nouveaux ambassadeurs du climat

Les fresqueurs en entreprise ont le sentiment d'appartenir à un projet qui dépasse les frontières de leur organisation. Ils sont d'ailleurs formés à l'animation en tant que collaborateurs mais aussi en tant que citoyens.

Pour réaliser correctement leur travail, les animateurs en entreprise se posent d'abord de nombreuses questions. En amont, ils doivent notamment identifier le ou les bons interlocuteurs pour favoriser un déploiement massif de la Fresque auprès de l'ensemble des collaborateurs.

Lors des ateliers, les fresqueurs ont également intérêt à adapter leur discours et leur posture à leurs interlocuteurs pour maximiser les chances de les convaincre.

Fresqueurs ou salariés ?

Si les fresqueurs en entreprise sont parfois volontaires, ils peuvent aussi être désignés par leur hiérarchie. Quelle que soit la motivation initiale, les formateurs constatent souvent qu'une partie d'entre eux terminent leur formation non seulement avec davantage de connaissances, mais surtout avec l'envie d'agir et de fresquer autour d'eux. Pour d'autres, la prise de conscience prend un peu plus de temps. Dans tous les cas, pour acquérir les compétences nécessaires à une bonne animation, ils doivent approfondir le sujet. Certains se prennent au jeu, changent d'ambitions et parfois même complètement de vie car, si la Fresque du Climat est déployée dans la sphère professionnelle, elle impacte en premier lieu leur vie personnelle.

> « Augmenter l'impact des ateliers passe par la formation et l'accompagnement des animateurs : ils doivent donner un aperçu du monde d'après, en l'incarnant.
>
> Benoît Rolland de Ravel

Outre l'acquisition de connaissances sur le changement climatique, l'investissement des animateurs internes les plus convaincus se traduit de différentes manières : rejoindre ou créer un collectif de salariés, proposer d'autres ateliers à leurs collègues, prendre un nouveau poste à responsabilité en rapport avec leur mission de fresqueur...

Les animateurs de la Fresque en entreprise sont donc protéiformes. Certains deviennent de véritables ambassadeurs du climat. Ils peuvent ainsi rejoindre leur communauté locale d'animateurs et multiplier les occasions de fresquer dans des cadres extraprofessionnels. La Fresque du Climat est parfois considérée comme un cheval de Troie du fait de son impact au sein des entreprises. En effet, les animateurs les plus motivés deviennent très actifs, voire militants, tout en gardant un état d'esprit constructif pour leur organisation.

L'impact de la Fresque sur une organisation

Même si certains sont visibles, les impacts de la Fresque du Climat en entreprise n'ont pas encore été mesurés. Il se révèle complexe de suivre les fresqués dans le temps, tant les effets de la prise de conscience des enjeux climatiques peuvent se manifester bien après un atelier. Les conséquences décrites dans cette partie sont donc celles constatées par des fresqueurs professionnels et par des responsables du déploiement dans leur entreprise.

Les collaborateurs, premier vecteur de sensibilisation

Avant d'impacter l'organisation en elle-même, ce sont ses collaborateurs qui sont les premiers touchés. Comme pour leurs animateurs, les effets sont variables suivant les personnes et si toutes ne sont pas sensibilisées, d'autres vont connaître de grands changements, d'abord dans leur vie personnelle puis dans leur vie professionnelle.

Des salariés peuvent imaginer une session moralisatrice ou culpabilisante et considérer l'atelier comme du temps de travail perdu. Ils arrivent alors réticents, mais l'atelier est naturellement conçu pour lever ces verrous.

Paradoxalement, les plus méfiants sont parfois les premiers à se prendre au jeu. C'est également le rôle des animatrices et animateurs, grâce à leur formation, d'embarquer tous les participants. Il arrive donc que les personnes peu intéressées par le sujet, voire climatosceptiques, se passionnent lors de l'atelier. Des fresqueurs professionnels ont constaté qu'à l'issue des trois heures, ce sont souvent les plus dubitatifs au départ qui souhaitent poursuivre la discussion avec l'animateur. Ces nouveaux fresqués commencent alors à se soucier d'un sujet qui n'avait auparavant aucune importance dans leur vie. Ils ne comprenaient pas vraiment le changement climatique ou le remettaient en cause, mais l'atelier les a incités à se questionner.

D'autres, déjà sensibilisés et informés des enjeux, sont heureux d'avoir enfin trouvé une caisse de résonance au sein de leur entreprise. En déployant la Fresque, leur employeur donne un signal fort à ceux qui, soucieux des sujets environnementaux, étaient obligés de laisser leurs convictions écologiques à l'entrée du bureau. L'entreprise leur dit qu'elle est d'accord pour qu'ils prennent des initiatives, et qu'elle les écoute. Leur épanouissement comme leur investissement professionnel s'en trouvent radicalement changés.

La Fresque du Climat leur ayant montré qu'il était possible d'agir en interne, les collaborateurs les plus impactés vont donc suivre un parcours proche de celui de leur animateur, voire se former à l'animation.

Le passage à l'action

L'atelier offre des débouchés motivants aux collaborateurs les plus investis, qu'ils soient fresqués ou fresqueurs. Ils vont vouloir changer de périmètre, de carrière, voire de vie : quelques-uns, en effet, peuvent entrer en **dissonance cognitive**, demander à créer des postes qui n'existent pas et parfois même changer de métier.

Ces transformations rejoignent l'objectif de fresqueurs professionnels qui visent davantage les personnes que l'entreprise.

> « Mon objectif avec la Fresque du Climat n'est pas forcément de changer la stratégie de l'entreprise, car je vise davantage les individus. **Martine Lheureux**

En faisant naître chez une partie des collaborateurs des attentes plus fortes envers leur employeur et la stratégie de l'entreprise, la Fresque du Climat renforce la pression interne pour transformer une organisation. Une fois que le problème leur a été exposé, ces collaborateurs se rendent compte de l'urgence et demandent parfois à aller plus loin que les mesures déjà prises. Les convictions induisent l'action, mais portent aussi des espoirs et des exigences.

De l'envie d'agir à l'action effective

Les décisions à prendre pour la sauvegarde de l'environnement entrent souvent en conflit avec le modèle économique de l'entreprise. Quelle que soit la motivation initiale des dirigeants pour déployer la Fresque du Climat, l'effet de l'atelier sur les individus retentira sur l'organisation. Certains voudront faire évoluer son fonctionnement et ses objectifs et, s'ils n'estiment pas les changements à la hauteur des enjeux, le risque de démotivation – voire de démission – peut survenir. Pour éviter de perdre des collaborateurs aux compétences et à l'expertise précieuses, les sociétés concernées devront donc entamer une réflexion pour redéfinir leur valeur économique et repenser leur stratégie.

> Repenser la notion même de valeur économique au sein des entreprises, en particulier des grands groupes. **Frédéric Giuli**

En plus des changements chez les collaborateurs, le déploiement de la Fresque du Climat dans une entreprise peut donc directement impacter son fonctionnement. Si ce déploiement s'effectue dans un but de transformation, de nombreux effets positifs verront le jour.

Des organisations constatent une amélioration de leur communication interne et externe. Par exemple, pour le déploiement dans un grand groupe, des filiales, parfois un peu oubliées, ont enfin le sentiment de faire partie d'un projet qui les inclut. Le respect de l'environnement étant désormais partie intégrante des critères de choix de beaucoup de candidats, en particulier des plus jeunes, la Fresque du Climat permettra aussi de se démarquer dans un marché du travail tendu. En communication externe, certains professionnels ont même commencé à utiliser l'atelier avec leurs clients, leurs fournisseurs et leurs autres parties prenantes.

Bien utilisé, l'atelier permet d'élargir le champ des possibles et d'identifier les axes d'amélioration de la performance environnementale de l'entreprise. Au cours du déploiement de la fresque, les animateurs peuvent noter et prioriser toutes les idées qui ont émergé durant l'atelier. L'entreprise dispose alors de solutions émanant des salariés, lesquelles peuvent être compilées en une feuille de route stratégique collaborative. Au-delà de la sensibilisation, la Fresque du Climat prépare ainsi les prochaines étapes de la transformation de l'entreprise.

Même si ces changements bouleversent les organisations, leurs dirigeants n'ont jamais de regrets. La plupart d'entre eux parlent encore, plusieurs années après, de l'expérience de la Fresque ; elle marque souvent un tournant dans leur réflexion et leur engagement sur le climat.

> « J'ai des retours de chefs d'entreprise qui affirment que la journée passée ensemble les a profondément marqués. **Martine Lheureux**

Même si cela représente un investissement, un bon déploiement de la Fresque du Climat incite à aller plus loin. Ainsi, une fois la sensibilisation des collaborateurs entamée, la question de l'après se pose rapidement.

Une **qualité d'animation** commune

- **Thomas Dayraud**
- **Né en 355 ppm** (1991)
- **Statut :** directeur Offre et programmes de La Fresque du Climat

Quel est votre rôle au sein de l'association de la Fresque du Climat et comment gérez-vous les demandes des entreprises ?

À mon arrivée en 2020, j'étais responsable des opérations pour déployer la Fresque à grande échelle. J'étais assez peu en contact avec les organisations qui s'adressaient alors directement aux fresqueurs professionnels. C'est lorsque la Fresque a commencé à se développer de manière exponentielle qu'elles se sont tournées vers l'association. Début 2021, nous avons créé un service dédié, en lien avec les organisations, dont j'avais la responsabilité. Si, dans un premier temps, nous transmettions les demandes aux animateurs qui rédigeaient ensuite leurs propositions commerciales, il nous semblait également important de répondre directement aux demandes. Nous avons donc lancé une phase de test avec deux processus en parallèle. Le premier était celui que nous suivions déjà, mais pour le second, c'est l'association qui rédigeait sa propre offre commerciale et qui, une fois que le client l'avait validée, lui proposait une liste de fresqueurs potentiels. Après six mois, nous avons constaté que les clients étaient plus satisfaits par nos propositions, notamment grâce à la constance de nos tarifs. Nous avons donc choisi de ne continuer qu'avec ce processus et le prix d'un atelier basique est devenu standard. Ce nouveau mode de fonctionnement nous a amenés à nous structurer et à monter en compétences sur la qualification des besoins des organisations pour y répondre au mieux. Le pôle Développement est ainsi passé de deux à quinze personnes en trois ans.

Combien recevez-vous de demandes mensuelles et quelle proportion provient d'entreprises ?

Au tout début, en septembre 2020, nous en recevions 80 par mois pour le monde entier, France incluse, et en juin 2023, nous en étions à 350. La croissance des demandes pour les associations et pour les pouvoirs publics est similaire. Pour chacune de ces catégories, nous en recevions 20 par mois en octobre 2021, contre environ 70 en juin 2023. À la fin 2023, environ 850 demandes arrivaient chaque mois, dont une part croissante à l'international. De 10 % en 2022, celle-ci est passée à 20 % en 2023. Alors que les autres pays sont au début de leur exponentielle de croissance, celle de la France se maintient et entre dans une phase de stabilisation. Les prochains enjeux vont donc être de définir la manière d'accompagner dans la durée les organisations en France et d'aider au développement des entités dans les autres pays.

Existe-t-il d'autres enjeux pour l'association concernant les fresques en entreprise ?

Nous visons à améliorer la qualité pour tous les publics de la Fresque mais surtout les organisations (privées, publiques, collectivités…) dont le niveau d'exigence est plus élevé. Nous identifions les actions permettant d'assurer un déploiement optimal de l'atelier. Nous sommes donc entrés dans une démarche qualité et en 2024, nous devenons organisme de formation certifié Qualiopi[1]. Nous allons donc proposer des objectifs pédagogiques clairs, de la validation d'acquis et de la mesure de satisfaction des participants. Les retours nous aideront à identifier les points d'amélioration pour les animateurs, qu'ils soient fresqueurs professionnels ou internes aux organisations. La certification Qualiopi va également permettre à nos clients de mobiliser leur budget formation. Ce sera un moyen de diffuser et de développer davantage la Fresque.

---

1. Qualiopi est une certification obligatoire des organismes de formation pour bénéficier de fonds publics ou mutualisés tels que le Compte personnel de formation (CPF).

Cette démarche qualité changera-t-elle la formation des animateurs ?

Actuellement, la base d'animation est identique mais chaque fresqueur y apporte sa touche personnelle. Notre intention est de mettre en place un référentiel, avec des standards élevés de qualité pour assurer une parfaite expérience de la Fresque et maintenir son développement exponentiel. Se poser les bonnes questions permettra de savoir sur quels points chaque animateur a besoin d'être accompagné. Nous voulons que chacun soit ambassadeur de la Fresque tout en répondant à une intention pédagogique claire. Il faudra donc mettre en place des outils en amont pour s'assurer que celle-ci est bien comprise et intégrée puis, si besoin, venir corriger avec des formations supplémentaires.

> La certification Qualiopi va également permettre à nos clients de mobiliser leur budget formation.

Il existe actuellement deux formations à l'animation : une de trois heures pour le grand public et une de sept heures pour les entreprises. Les quatre heures supplémentaires permettent de répondre au niveau d'attente d'un public plus exigeant en approfondissant certains points de l'animation ou en fournissant des ordres de grandeur économiques.

Pour fresquer en entreprise, nous encourageons donc fortement à effectuer la formation de sept heures, même si un animateur qui a réalisé la formation de trois heures peut arriver au même niveau d'expertise grâce à son expérience et à l'autoformation. À titre personnel, j'aimerais m'assurer de la qualité des animations en entreprise, qu'elles soient réalisées par des prestataires extérieurs ou des fresqueurs internes. Mais il y a aussi un enjeu de coût pour les animateurs ; nous sommes à la recherche d'un équilibre.

”

La valeur première des ateliers : une animation de haute qualité

Après le déploiement exponentiel de la Fresque du Climat auprès d'un million de personnes en mars 2023, puis de plus de 1,4 million à la fin 2023, l'association se trouve aujourd'hui confrontée à un défi de taille : s'assurer que la qualité des ateliers soit la meilleure et la plus homogène possible, y compris pour les sessions organisées au sein des entreprises par leurs propres collaborateurs.

Afin d'harmoniser les pratiques, toutes les demandes arrivent désormais à l'association qui les qualifie avant de les mettre à disposition des animateurs les plus expérimentés. Le choix final lui revient ; elle détermine les profils les plus adaptés et les met en relation avec l'entreprise. Cette organisation permet également d'encadrer les tarifs des prestations et d'éviter les variations.

En parallèle, l'association vise la certification Qualiopi afin d'être reconnue comme organisme de formation. Si cette certification va permettre de fresquer davantage dans les entreprises en ayant accès aux budgets des opérateurs de compétences (Opco)[2], elle sert également à formaliser le cadre dans lequel se déroulent les fresques.

Enfin, à plus long terme, le parcours de formation organisé en ceintures sera revu avec des objectifs pédagogiques et des connaissances à valider. Il deviendra à la fois plus exigeant et plus ambitieux dans les connaissances à maîtriser, mais aussi dans l'attitude et l'engagement des animatrices et des animateurs. Plusieurs pistes sont envisagées, notamment rendre obligatoire la formation en sept heures pour les animatrices et animateurs qui souhaitent devenir professionnels.

2. Opco : https://travail-emploi.gouv.fr/ministere/acteurs/partenaires/opco

Un **modèle optimal** face à l'explosion des demandes

© Geckosphere

- **Antoine Rabain**
- **Né en 339 ppm** (1981)
- **Statut :** fondateur de Geckosphere, cabinet de conseil en redirection écologique, cocréateur de la Fresque de l'Énergie

À la fin 2020, vous avez piloté le groupe de travail pour organiser les appels entrants des organisations publiques et privées à l'association. Quels en étaient les enjeux ?

À l'époque, l'association recevait une trentaine d'appels par mois environ pour animer des fresques vers des publics professionnels, et nous avions déjà compris que ce nombre allait augmenter sensiblement et rapidement. De fait, en 2022 et 2023, l'association recevait 350 demandes par mois en moyenne, soit une multiplication par un facteur 10, au moins ! Il était donc impératif de structurer ces demandes au plus tôt avec plusieurs exigences : respecter des délais raisonnables entre la demande de l'entreprise et la réponse de l'association, assurer la qualité des ateliers délivrés, ou encore faire monter en compétences l'ensemble de la communauté naissante des fresqueurs professionnels.

Comment travaillait l'association avant la mise en place de ce groupe de travail ?

L'association disposait d'un annuaire en ligne qu'elle proposait pour consultation libre aux entreprises qui cherchaient des intervenants. Peu d'informations figuraient sur chaque profil et nous nous sommes rapidement rendu compte que les animateurs contactés par les entreprises présentaient le plus souvent un profil d'homme diplômé d'une école d'ingénieur ou de commerce avec une expérience significative du monde de l'entreprise. Conséquence logique, les choix se portaient rarement sur les femmes ou sur les profils « junior » pour l'animation.

J'ai alors pris le pilotage d'un groupe de travail dédié, en réunissant huit profils complémentaires (parité de genre, diversité géographique, membres du conseil d'administration ou non, experts et novices...), et nous avons commencé à imaginer des modèles économiques alternatifs afin de corriger ces biais. Nous les avons ensuite testés pendant six mois avant de retenir ceux qui nous paraissaient les plus pertinents.

Quels ont été les principaux apprentissages de cette phase de tests ?

Partant du principe qu'il nous fallait innover et contenir au maximum nos croyances limitantes, nous avons assumé la mise en œuvre, en conditions réelles, d'une phase de divergence autour de six scénarios tranchés :

Le scénario « despotique » : un responsable décide seul du profil préqualifié par l'association qui prend contact directement avec le client. Ce scénario n'emportait guère d'adhésion au sein du groupe de travail, mais était surtout là pour faire ressortir tous les avantages d'une attribution rapide à un profil connu de l'association.

Le scénario d'apport d'affaires : une personne de l'association entre en contact avec l'entreprise qui a émis une demande pour qualifier elle-même le besoin et décider d'attribuer la demande à un profil choisi parmi les plus pertinents. Ce modèle permettait de mieux appréhender l'hétérogénéité des besoins des entreprises et générait des revenus supplémentaires *via* un apport d'affaire qui s'ajoutait au paiement des frais de licence. Nous l'avons évalué à au moins 10 % du chiffre d'affaires.

Le scénario des enchères : une plateforme agrégeant les appels entrants offre la possibilité à des profils qualifiés par l'association d'enchérir pour obtenir le contact direct du client, sur la base d'informations préqualifiées. Le fresqueur lauréat paie ainsi une commission fixe à l'association avant même d'avoir signé un contrat avec le client. Nous nous trouvions ici sur une ligne de crête quant aux valeurs et principes fondateurs de l'association entre la transparence et le non-tabou de l'argent. *In fine*, ce scénario a surtout été utile pour mieux appréhender la valeur brute de l'apport d'affaires, indépendamment d'un pourcentage de la prestation d'animation comme le suppose le scénario précédent.

Le scénario qualifié d'« annuaire *bis* » : cette seconde version de l'annuaire incluait davantage de critères, en particulier les expertises sectorielles et métiers de chaque profil présenté, ou encore leur localisation géographique afin de réduire l'empreinte carbone des déplacements. Plus complet que sa première version, ce modèle n'a cependant pas permis de gommer les effets de genre et d'expérience identifiés plus tôt.

Le scénario de sous-traitance : il propose la mise en place d'une équipe interne au sein de l'association pour traiter de façon approfondie les demandes des entreprises, et réaliser elle-même des devis négociés, à l'instar des programmes « **Rentrée Climat** » ou « **Mandat du Climat** » déjà opérationnels à l'époque (chapitre 2). Dans ce cas précis, l'équipe « commerciale » recrutait ainsi des sous-traitants au sein de la communauté afin de délivrer les prestations que l'association vendait directement auprès des clients.

Enfin, le scénario dit de « structure externe » a imaginé mettre en place un schéma équivalent au scénario précédent, mais *via* une organisation tierce, cette dernière étant juridiquement liée ou non à l'association. Dans cette configuration, l'équipe opérationnelle n'évoluait pas au sein même de l'association, séparant ainsi de façon structurelle le projet bénévole et professionnel. Un contrat aurait alors défini les conditions de transfert des appels entrants et le modèle d'affaires associé avec l'association.

Quels scénarios ont finalement été choisis et pourquoi ?

Nous avons recommandé deux scénarios : celui de l'apport d'affaires, afin de répondre rapidement à la croissance importante du nombre de demandes entrantes, puis celui de la sous-traitance, où l'association pouvait progressivement monter une équipe capable de gérer en direct ces appels, et proposer à la communauté d'intervenir en sous-traitance de l'association.

Nous voulions rendre ainsi visibles les « bonnes pratiques », notamment l'opportunité de confier certains prospects plus simples que d'autres à des profils moins expérimentés ou d'inciter fortement au montage d'équipes mixtes.

Enfin, le parcours et ses **ceintures** sont arrivés, et nous avons alors recommandé de confier les prospects à des grades de ceintures

> Il nous fallait innover et contenir au maximum nos croyances limitantes.

verte et bleue car ces personnes bénéficient d'un véritable recul sur l'outil et l'animation de l'atelier. Sans oublier que, contrairement aux ceintures jaune et orange qui s'obtiennent par autodéclaration, la ceinture verte nécessite deux cooptations et une supervision par ses pairs. C'est un gage de qualité, qui représente sans doute l'un des plus gros enjeux de notre communauté apprenante.

Depuis, une équipe permanente gère au quotidien l'attribution des appels entrants selon ces deux modèles. Ce collectif a grandi très vite : il ne comptait qu'un seul responsable fin 2021, et ce dernier pilotait une quinzaine de personnes à temps plein au début de l'année 2024.

”

Être à l'**avant-garde** des idées qui font bouger les choses

- **Quentin Bordet**
- **Né en 354 ppm** (1990)
- **Statut :** cofondateur et président du réseau Les Collectifs, initiateur de GoGreen au sein du Boston Consulting Group (BCG)

Vous êtes cofondateur du réseau Les Collectifs[1]. Quels sont vos objectifs et comment les atteignez-vous ?

Nous sommes un réseau de collectifs de salariés. Un collectif est un groupe qui mène au sein de son entreprise des actions concernant l'écologie, le social ou la gouvernance. Il ne s'agit pas seulement de former le reste des collaborateurs à ces enjeux, mais de faire en sorte que les décisions prises dans l'entreprise sur ses produits, ses services ou ses missions puissent être cohérentes avec les Accords de Paris, les limites planétaires et les objectifs de l'ONU. Notre réseau accompagne et porte la voix des salariés auprès de leurs dirigeants et du monde économique pour les inciter à s'appuyer sur leurs « forces vives » internes. La mutualisation de nos capacités d'influence contribue à la réalisation d'actions plus ambitieuses.

Comment avez-vous eu l'idée de construire ce réseau ?

En 2018, avec l'aide de collègues, j'ai créé le collectif GoGreen au sein du Boston Consulting Group (BCG), le cabinet de conseil où je travaillais. Nous avons commencé par de nombreuses actions d'écocitoyenneté, y compris des ateliers de la Fresque du Climat que nous avons déployée dans

1. https://www.les-collectifs.eco/

toute l'entreprise. Notre collectif interne a grandi et s'est établi comme une « partie prenante » interne reconnue sur les sujets de transition écologique de l'entreprise, menant à d'autres actions, des réflexions avec les dirigeants sur le modèle d'activité, et un essaimage à d'autres bureaux du BCG. Cette expérience de collectif fut pour moi une aventure unique tant personnelle que professionnelle : j'avais trouvé un moyen de dépasser mon **écoanxiété**, j'ai pu développer mon esprit d'entrepreneuriat… et j'ai vu concrètement les résultats de nos actions.

J'ai voulu décliner cette expérience ailleurs. En 2021, avec d'autres personnes qui avaient aussi créé des collectifs dans leurs entreprises, nous avons fondé le réseau Les Collectifs. Le lancement de l'association s'est fait à travers la publication d'un manifeste signé par des pionniers de 27 entreprises. Nous apportions quelque chose de nouveau en montrant que les entreprises pouvaient être un lieu d'engagement écologique et que des salariés pouvaient exercer une influence en interne. Depuis, le réseau a grandi : il regroupait, en 2023, des salariés de plus de 200 entreprises. Certains collectifs sont en cours de création alors que d'autres, déjà bien installés, comptent des milliers de membres. Beaucoup de ces salariés n'auraient pas forcément agi dans leur entreprise mais ils ont sauté le pas à travers ces groupes. En arrivant à mobiliser les salariés sensibilisés, nous créons des forces de coconstruction internes dont le potentiel pourrait être bien plus grand.

Que proposez-vous à vos membres en tant que réseau ?

Le réseau des Collectifs permet tout d'abord de mettre en commun les bonnes pratiques. Nous développons des formations pour aider des collectifs à se former et à lancer leurs premières initiatives (nos « expéditions ») ou pour gagner en maturité. Nous développons des outils pour la communauté, par exemple l'Atlas des Actions[2], *notre* « Wikipédia » des actions à mener dans l'entreprise, avec une centaine de fiches. Notre réseau favorise aussi l'entraide et le soutien pour des personnes qui veulent s'engager.

> « La clé de la transition réside dans la compréhension des enjeux globaux, doublée d'une adaptation aux contextes locaux.

2. https://www.les-collectifs.eco/atlas

Quand le collectif d'une entreprise rencontre un problème concret, ses membres peuvent en discuter avec leurs homologues d'autres collectifs. Enfin, nous portons la voix des salariés qui s'engagent de l'intérieur, en direction du grand public et du monde économique, pour inspirer salariés et dirigeants à travailler ensemble et leur donner des clés pour des collaborations fructueuses, lucides et constructives.

Quelles sont les actions que ces collectifs mettent en place dans leurs entreprises ?

Les actions peuvent être relativement simples, comme l'organisation de journées de formation, de challenges ou de Fresques du Climat, ou plus complexes, tels que le changement de fournisseurs, le développement de plans de formation, la mise en place de politiques d'achat responsables, de projets d'écomobilité, l'évolution des modes de vie au travail… et des initiatives pour participer à la « réorientation des modèles économiques » (lettres à la direction, produits et services plus durables, contribution à la stratégie…). Nous sommes persuadés que la clé de la transition réside dans la compréhension des enjeux globaux, doublée d'une adaptation aux contextes locaux. En rejoignant notre réseau, les collectifs ont accès à des outils pour monter leur niveau global de maturité et pour bénéficier de retours d'expérience. Nous les aidons aussi à adopter une posture d'intrapreneuriat pour aller toujours plus loin.

Quels effets observez-vous dans les entreprises grâce à ces actions ?

Nous constatons des impacts à la fois concrets et variés. Tout d'abord, les expériences de collectifs permettent à des milliers de salariés de s'engager en faveur de la transition écologique et de répondre à leur quête de sens. Elles leur permettent aussi souvent de rencontrer d'autres acteurs du changement, de ne pas se sentir seuls mais utiles. Ensuite, les actions de groupes peuvent améliorer les « aires d'impact directes » des organisations. Ainsi, changer une cantine ou développer un partenariat avec une entreprise de location de vélos permet d'orienter les dépenses vers des solutions plus respectueuses et vers l'économie sociale et solidaire. Enfin, en s'inscrivant comme un acteur intérieur, expert de la transition écologique et en prise avec le terrain, les collectifs peuvent avoir des impacts sur les décisions à long terme de l'entreprise, par exemple pour obtenir d'un énergéticien qu'il inscrive la sobriété dans sa raison d'être ou encore devenir un acteur sollicité par un Comex sur des décisions d'investissement stratégique.

Nous sommes lucides et constructifs. Nos actions dépassent la simple dénonciation des dysfonctionnements, pour inspirer le plus grand nombre au-delà de notre communauté. C'est une nouvelle manière d'agir démocratiquement. Nous voyons régulièrement que les collectifs portent des idées avec deux ans d'avance : avec Les Collectifs, nous voulons les aider pour que ces notions deviennent réalité au sein des entreprises !

»

La raison d'être des Collectifs

Lors de sa création en 2021, les membres fondateurs du réseau Les Collectifs ont publié une tribune fixant clairement les objectifs du réseau, mais surtout ceux de chacun des collectifs de salariés qui le composent :
« Issus d'entreprises de tailles, de secteurs et de zones géographiques différents, constitués d'une poignée de salariés ou de plusieurs centaines, plus ou moins proches de nos directions, nos collectifs agissent partout où ils le peuvent pour accélérer la transition vers des modèles responsables. Nous avons déjà lancé des centaines d'initiatives [...] Parfois modeste, parfois entraînant des changements structurels, notre action vise à placer systématiquement ces sujets au cœur de nos entreprises.
Face aux défis sans précédent auxquels nous faisons face, repenser et transformer nos modèles économiques est une nécessité. Nos entreprises sont une partie du problème : dérèglement du climat et des écosystèmes, accroissement des inégalités, perte de sens... Nous pensons qu'elles sont aussi une partie de la solution : par l'impact de leurs produits et services, et leur capacité unique à focaliser ressources humaines et économiques dans un objectif donné. [...]
Notre message se veut exigeant et ambitieux tout en étant positif et constructif : l'entreprise doit profondément se transformer et nous sommes prêts à l'y aider. Ensemble, nous portons trois convictions. Premièrement, les entreprises doivent faire de la prise en compte des défis écologiques et sociaux leur priorité. Deuxièmement, les entreprises doivent impliquer et mobiliser toutes leurs parties prenantes, et notamment leurs salariés, dans cet effort. Troisièmement, les organisations qui réussiront ces transitions seront demain les plus impactantes et aussi les plus attractives pour les consommateurs, investisseurs et futurs salariés. »

Source : Tribune des Collectifs, *Les Echos*, 15 avril 2021.

Faire de chaque collaborateur un **acteur** de la stratégie RSE

- **Romane Anquetil**
- **Née en 366 ppm** (1998)
- **Statut :** formatrice des animateurs de la Fresque du Climat pour Société Générale, chargée de mission RSE[1] (référente Fresque) chez Société Générale Assurances, membre des Pépites Vertes, animatrice de l'atelier 2tonnes, lauréate 2024 du top 35 des leaders positifs des *Echos Start*

Vous êtes référente de la Fresque du Climat pour Société Générale Assurances. Quelles sont vos missions dans ce rôle ?

C'est en intégrant le Groupe Société Générale que je me suis réellement investie dans la Fresque du Climat. Le Groupe voulait déployer largement l'atelier et, en mars 2021, j'ai rejoint la cinquantaine d'animateurs internes, devenant la première animatrice de l'unité Assurances. En plus d'acquérir de nouvelles connaissances scientifiques, l'atelier m'a fait découvrir le domaine de la facilitation[2]. En 2022, je suis devenue référente Fresque du Climat pour l'unité Assurances, pour laquelle je crée et gère la communauté d'animateurs. Nous sommes maintenant 25 et je suis l'une des trois ceintures vertes parmi les 650 animateurs du Groupe.

---

1. La responsabilité sociétale des entreprises (RSE) se définit comme la contribution volontaire des entreprises aux enjeux du développement durable, aussi bien dans leurs activités que dans leurs interactions avec leurs parties prenantes. Elle concerne trois domaines : environnemental, social et sociétal. Source : www.insee.fr.
2. La facilitation est la mise en place d'un cadre, de méthodes et de processus qui permettent à un groupe d'opérer en intelligence collective. Source : ministère de la Transformation et de la Fonction publiques.

Quelles ont été les étapes du déploiement de la Fresque au sein de Société Générale Assurances ?

La première phase du déploiement a eu lieu en 2021. Elle obligeait les 250 dirigeants de l'unité Assurances à participer à l'atelier. L'idée était de les sensibiliser pour qu'ils encouragent ensuite leurs collaborateurs à réaliser une fresque. L'année suivante, nous avons fait un appel à volontaires qui a conduit à sensibiliser 370 collaborateurs supplémentaires. Une vingtaine d'animateurs a émergé de cette deuxième vague. En 2023, la troisième vague du déploiement a fonctionné à la fois *via* un appel à volontaires, mais aussi en systématisant la participation des nouveaux salariés. C'est également à cette période que nous avons commencé le déploiement à l'international. En trois ans, nous avons fresqué l'équivalent de 40 % des 3 000 salariés de l'entité. En tenant compte des départs et des arrivées, nous étions – à la fin 2023 – à 33 % de l'effectif actuel, et alignés sur l'ambition du Groupe d'avoir formé 30 % de ses effectifs globaux à la Fresque du Climat à la fin du troisième trimestre 2024. C'est une grande satisfaction pour nous, notamment parce que le secteur des assurances est l'un des premiers impactés par le changement climatique[3]. Le Groupe Société Générale continue à déployer la Fresque du Climat, mais aussi d'autres ateliers.

Comment accompagnez-vous les fresqueurs dans leur travail d'animation ?

Le sujet du changement climatique est souvent nouveau pour eux. De même pour la facilitation. Si certains sont déjà habitués à l'animation de réunions, animer une fresque est un exercice différent. Créer les bonnes conditions pour que la connaissance émerge grâce aux participants reste une découverte. Certains prennent sur leur temps personnel pour monter

3. En 2023, le risque climatique a changé d'échelle : la sinistralité climatique s'est accrue, aussi bien en fréquence qu'en sévérité. Le monde n'a jamais enregistré autant de sinistres climatiques graves (37 en 2023, contre 30 en 2020, le précédent record). En France, les sinistres liés au climat ont coûté 6,5 milliards d'euros en 2023, qui est devenue ainsi la troisième année la plus coûteuse pour la profession. Sur les quatre dernières années, la sinistralité climatique atteint en moyenne 6 milliards d'euros par an ; elle est donc largement supérieure à celle de la décennie précédente. Enfin, le dérèglement climatique s'aggrave plus vite que prévu : sur cette même période 2020-2023, le coût des sinistres climatiques pour les assureurs est supérieur de 18 % à la prévision établie par France Assureurs en 2021 à l'horizon 2050 (source : France Assureurs).

en compétence et, sur leur temps de travail, tous s'organisent au mieux afin de libérer plusieurs heures pour l'animation.

Il existe un risque que les participants qui n'auraient pas aimé l'expérience de la Fresque se ferment au débat sur le changement climatique et, indirectement, à la RSE. Je fais ainsi mon possible pour veiller à ce que les ateliers soient de qualité en incitant notamment les animateurs à ne pas noyer les participants sous trop d'informations, pour que ces trois heures restent agréables. J'invite aussi la communauté à participer à d'autres fresques. Certains animateurs deviennent très entreprenants : ils poursuivent leur formation, s'engagent dans des associations, se lancent dans des challenges écologiques...

> La RSE et la transition se feront collectivement.

La Fresque du Climat constitue donc une porte d'accès à la RSE. Quelles sont les autres actions mises en place dans ce cadre ?

Depuis 2021, nous déployons dans l'unité Assurances un programme de changement culturel centré sur la RSE, appelé « RSE by Design ». L'objectif de ce programme est d'intégrer systématiquement la RSE au cœur de chacune des activités et processus de l'entreprise. Ce programme a permis la réalisation de plusieurs plans d'action concrets. Il a ensuite été nécessaire de mener une phase de transformation culturelle pour embarquer tous les collaborateurs. Même si la Fresque du Climat ne couvre – comme son nom l'indique – que la partie « climat », l'atelier reste un levier puissant pour initier cette phase. Nous voulons faire de chaque collaborateur un acteur de la stratégie RSE *via* ses missions quotidiennes, bien au-delà des bonnes pratiques de vie au travail (prendre soin de ses appareils, diminuer sa consommation d'énergie, de plastique...). Il n'est pas encore évident pour tous de faire le lien entre leurs missions et les enjeux RSE. Ainsi, outre d'autres fresques et modules d'*e-learning* proposés par le Groupe, nous avons développé au sein de l'unité Assurances un atelier sur mesure. Il encourage nos collègues à se questionner sur la manière dont les enjeux environnementaux et sociaux impactent leurs métiers et sur les actions collectives ou individuelles à mener.

La Fresque du Climat a permis de constituer une véritable communauté en interne. Elle a contribué à recréer du lien, alors que le télétravail réduisait le temps de présence dans l'entreprise. Nous encourageons d'ailleurs le présentiel pour les ateliers de la Fresque du Climat, pour échanger, construire et se tromper ensemble, afin d'illustrer le message que nous souhaitons porter : la RSE et la transition se feront collectivement.

Quels effets avez-vous constatés chez vos collaborateurs et dans l'entreprise ?

Certains affirment que participer à une Fresque du Climat a été le déclencheur d'un changement dans leur vie. Ils se sont alors intéressés davantage aux enjeux climatiques ou ont suivi d'autres formations. Des attentes plus fortes naissent chez les collaborateurs vis-à-vis de l'entreprise et de sa stratégie ; elles s'ajoutent aux revendications externes. Avec les ateliers de la Fresque du Climat, nous touchons des collègues en recherche d'impact dans leurs missions, qui travaillent parfois depuis de nombreuses années dans le Groupe. Sensibles aux enjeux écologiques actuels, lucides sur l'avenir de leurs enfants, ils cherchent à agir à leur échelle, notamment *via* leur travail. Plus on déploie des ateliers tels que la Fresque, plus l'entreprise se transforme et donne aux salariés une énergie mobilisatrice et créatrice de changement.

”

CHAPITRE #4

Dans le sillage de la Fresque

Depuis sa création, la Fresque du Climat fait des émules et se décline sur des thématiques aussi variées que l'océan, les déchets, le numérique, la mobilité, la culture ou les limites planétaires. En parallèle, l'atelier part à la conquête du monde grâce à l'engagement et à l'énergie des animatrices et animateurs locaux.

Transposer la Fresque du Climat à des secteurs spécifiques

Plus de 100 fresques ont vu le jour ces dernières années dans l'Hexagone. S'il est difficile de les recenser toutes, il s'agit le plus souvent d'ateliers fondés par des fresqueurs qui déclinent les principes pédagogiques de la Fresque du Climat à d'autres thématiques. Ils utilisent également des cartes organisées par lots à replacer dans un ordre particulier en faisant appel aux connaissances de l'ensemble des participants. Là aussi, les personnes réunies créent une dynamique de groupe qui mobilise l'intelligence collective.

Mais le parallèle s'arrête là car, qu'elles soient associatives ou professionnelles et bien que des partenariats les unissent, ces différentes fresques restent autonomes.

Les fresques « techniques »

Plusieurs ateliers abordent des sujets techniques, comme les Fresques du Numérique, de la Mobilité, de la Construction ou de la Rénovation, pour n'en citer que quelques-unes.

Créée par Yvain Mouneu et Aurélien Deragne en 2019, la **Fresque du Numérique** avait sensibilisé 80 000 participants sur les impacts des outils digitaux et du stockage des données grâce à environ 3 000 **animateurs** à la fin 2023. Parmi les ordres de grandeur utilisés, les animateurs soulignent que le numérique mondial émet autant de gaz à effet de serre (**GES**) que l'ensemble de la flotte de camions (soit 3 à 4 % des GES) ou que la fabrication d'un ordinateur de 2 kg mobilise 800 kg de matières premières.

La **Fresque de la Mobilité**[1] (fig. 4.1) a été créée en novembre 2019 par des membres de l'association The Shifters (chapitre 1). Son objectif est de sensibiliser aux enjeux carbone des transports, en délivrant là aussi des ordres de grandeur. Par exemple, le transport représente 31 % des émissions de CO_2 françaises, et sept actifs sur dix se rendent à leur travail en voiture.

Fig. 4.1. La Fresque de la Mobilité

© Fresque de la Mobilité

De son côté, la **Fresque de la Rénovation**, créée par Xavier Gaucher, présente les enjeux, les étapes et les bénéfices de la rénovation énergétique des bâtiments. L'atelier de deux heures compte 43 cartes réparties en six lots, ainsi qu'un lot complémentaire dédié aux copropriétés. Il permet aux participants d'appréhender les étapes d'un projet de rénovation depuis l'enveloppe du bâtiment et les équipements techniques en place jusqu'au choix des systèmes de ventilation, de production de chaleur et des isolants. L'outil aborde également les enjeux de la rénovation globale avec les aides financières disponibles.

La **Fresque du Plastique** a été créée en 2021 par Philippe Reutenauer, Eva Moreau et Manon Lisiecki. L'atelier présente les enjeux liés à ce matériau

1. Voir le témoignage de Laura Foglia.

omniprésent et explore trois axes : la fabrication, la gestion des déchets et les impacts environnementaux, en gardant un prisme très international. Parmi les sujets traités figurent l'écoconception et le réemploi. Cette fresque est animée dans le cadre citoyen, mais aussi beaucoup dans un cadre professionnel, avec un contenu assez technique qui peut intéresser aussi bien les collectivités territoriales que les industriels en plasturgie.

Les fresques consacrées aux autres sujets environnementaux

Sur la nature et l'environnement, plusieurs ateliers ont également été mis en place. Il s'agit par exemple de la **Fresque de la Biodiversité**, créée par Géraldine Vuillier, Geoffrey-Edouard Vuillier et Charles Sirot (chapitre 1), fondée sur les rapports de la Plateforme intergouvernementale scientifique et politique sur la biodiversité et les services écosystémiques (IPBES, selon le sigle anglais)[2]. Au cours des trois heures que dure l'atelier, les participants doivent retrouver les liens entre les 39 cartes du jeu pour comprendre ce qu'est la biodiversité, ce qu'elle apporte et ce qui la dégrade. L'atelier se termine par des réflexions autour de plans d'action pour identifier les solutions afin d'agir face à l'érosion de la biodiversité.

Toujours en lien avec l'environnement, Alice Vitoux a mis au point la **Fresque Océane** en 2019 afin de sensibiliser à la protection des océans. Grâce à 100 cartes, les participants (plus de 12 000 à fin 2023) découvrent la biodiversité marine et les impacts sur les océans des activités humaines comme la pêche, les industries maritimes, le dérèglement climatique ou encore la pollution.

Dans le même ordre d'idées, la **Fresque Agri'Alim**, créée par Céline Monthéard et Astrid Tarteret, vise à faire comprendre les mécanismes qui ont conduit à la formation de notre système agricole et alimentaire ainsi que les enjeux et les menaces auxquels il est confronté aujourd'hui. Du champ à l'assiette, l'atelier donne une vue d'ensemble scientifique et permet aux participants d'échanger sur les actions à mener pour s'orienter vers une alimentation plus durable pour tous.

De nombreux autres ateliers[3], comme la **Fresque des Nouveaux Récits** ou l'**Atelier 2tonnes**[4], ont été créés afin de projeter les participants dans un scénario et un imaginaire de transition.

---

2. https://www.ipbes.net/
3. La liste exhaustive ou presque qui recense l'ensemble des ateliers conçus sur ce même modèle se trouve sur la page internet : https://wiki.climatefresk.org/?title=Les_fresques_amies
4. Voir le témoignage de François Laugier.

La Fresque des Nouveaux Récits, pour un futur désirable et souhaitable

Créée en 2020 par Alexis Klein avec le soutien de Benoît Rolland de Ravel (chapitre 6), Célia Fontaine, Damien Pasquali et Laetitia Guibert, la Fresque des Nouveaux Récits permet de comprendre les verrous sociaux et cognitifs qui freinent l'adoption de comportements sobres et soutenables. Chaque cession est l'occasion d'élaborer de nouveaux récits afin de renouer avec sa capacité d'agir et de faire émerger un futur désirable.

Au cours des trois heures que dure l'atelier, les participants réalisent d'abord que le *statu quo* actuel est illégitime : l'humanité a franchi six des neuf limites planétaires (chapitre 5) en moins d'un siècle alors que l'*homo sapiens* existe depuis 300 000 ans. Les participants découvrent quelques exemples historiques de virages culturels contre l'ordre établi mettant fin à des situations intenables, tels l'abolition de l'esclavage, la fin de la ségrégation raciale aux États-Unis ou le droit de vote accordé aux femmes Enfin, la seconde moitié de l'atelier consiste à imaginer collectivement de nouvelles trajectoires organisationnelles.

© Fresque des Nouveaux Récits

L'atelier se décline également dans une version dédiée aux entreprises qui interroge les notions de croissance illimitée, de performance économique, de maximisation du profit pour les actionnaires, de compétition pour montrer l'obsolescence de ces concepts qui ne sont plus en adéquation avec la raréfaction des ressources, la sixième extinction de masse[5] ou le changement climatique. L'objectif est d'inciter les entreprises à s'orienter vers un modèle plus contributif.

---

5. Dans une étude publiée le 10 juillet 2017 dans les Proceedings of the National Academy of Sciences (https://www.pnas.org/doi/full/10.1073/pnas.1704949114), des chercheurs américains et mexicains ont mis en évidence la disparition massive des vertébrés sur Terre. Cette « défaunation » annonce des conséquences catastrophiques pour les écosystèmes. Dans une précédente étude, deux des trois auteurs avaient calculé que les disparitions d'espèces ont été multiplié par 100 depuis 1900, soit un rythme sans équivalent depuis l'extinction des dinosaures il y a 66 millions d'années.

Jouer à réduire son empreinte carbone avec l'Atelier 2tonnes

Parmi les ateliers de sensibilisation sur l'impact des émissions de CO_2, le plus connu est sans doute l'Atelier 2tonnes (chapitre 3) fondé par François Laugier et Pierre-Alix Lloret. Tous deux fresqueurs, ils se sont rencontrés lors d'un séminaire organisé par la Fresque du Climat (voir le témoignage de François Laugier). Le principe de l'atelier, souvent présenté dans la continuité de la Fresque du Climat, est de jouer à réduire son empreinte carbone individuelle pour passer de 10 tonnes de CO_2 par an en moyenne actuellement en France à 2 tonnes en 2050, soit une empreinte moyenne à l'échelle globale compatible avec l'objectif de rester sous les + 2° C.

© Atelier 2tonnes

Depuis sa création à la fin 2019, l'atelier avait sensibilisé 130 000 personnes fin 2023 grâce à 6 500 animatrices et animateurs. Les deux fondateurs ont choisi de mettre en place une double structure pour porter cette initiative : d'un côté une entreprise, titulaire de la propriété intellectuelle, qui emploie une trentaine de personnes ; de l'autre, une association dont les membres organisent la gouvernance du projet.

D'une dimension nationale à un déploiement international : sauter le pas avec la Fresque du Climat

Une large diffusion dans plus de 160 pays

Depuis la création de l'association en décembre 2018, la Fresque du Climat a conquis de nombreux pays. Les cartes sont aujourd'hui traduites dans une cinquantaine de langues et l'atelier est déployé dans plus de 160 pays. Belgique, Allemagne, Royaume-Uni, Suisse et Espagne ont réalisé nombre de Fresques du Climat (fig. 4.2).

Figure 4.2. Top 15 (en nombre de participants) des pays fresqués (hors France)

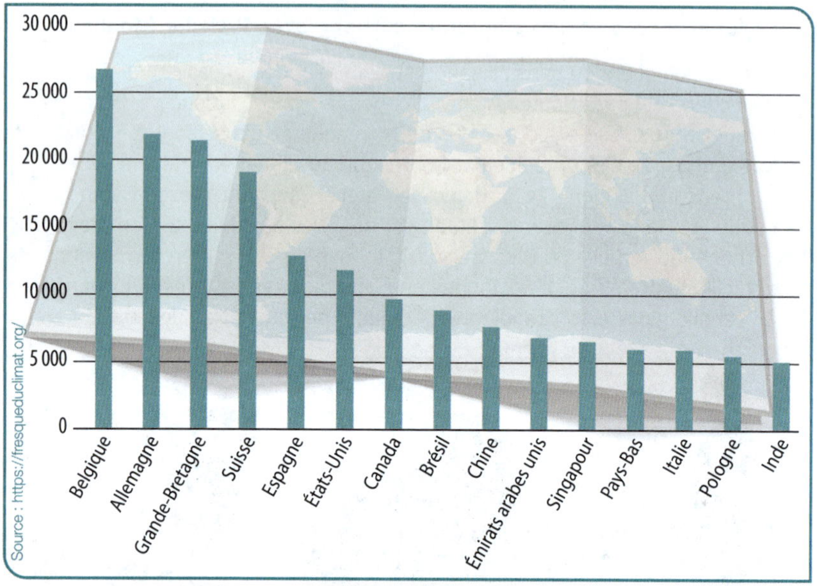

Les fresques sont également en plein boom aux États-Unis, au Canada et au Brésil (fig. 4.3).

Figure 4.3. Top 15 (en nombre d'animateurs) des pays fresqueurs (hors France)

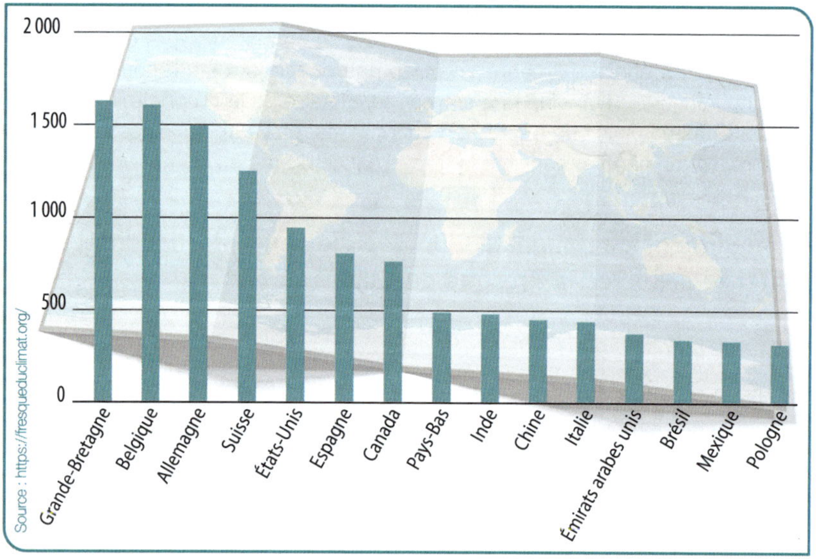

La Fresque du Climat s'est développée à l'étranger au fil des opportunités. Chaque fresqueur dispose de son réseau ; il peut ainsi animer et former des animateurs qui, à leur tour, organisent des ateliers dans leurs pays. Des entités locales autonomes fleurissent ainsi un peu partout.

Présence et visibilité lors des COP, un cocktail parfait

Les rendez-vous internationaux, en particulier les COP (chapitre 1), constituent une opportunité particulière de faire connaître et rayonner la Fresque du Climat à l'étranger. La présence de la Fresque dans ces événements permet de renforcer la cohésion entre les fresqueurs de plusieurs pays et de se faire connaître du monde entier. On en profite au passage pour faire monter en compétence une partie des fresqueurs en leur faisant passer leur prochaine **ceinture**. La COP26, qui s'est tenue à Glasgow en 2021, en est le meilleur exemple : plus de 170 bénévoles s'y sont relayés pendant trois semaines. Une réussite qui s'explique avant tout par la mobilisation et l'engagement des fresqueurs, qui avaient commencé à préparer ce voyage onze mois avant l'événement. Ils étaient une quarantaine, emmenés par Valentine Montazel, elle-même bénévole, et Michaël Doré, salarié. La première étape a consisté à mobiliser les volontaires grâce aux réseaux sociaux. Deux mois plus tard, le collectif s'organisait en groupes de travail pour financer le déplacement, préparer l'accueil et les missions sur place, s'intégrer dans l'écosystème local d'associations et d'organisations non gouvernementales (ONG) afin de faire connaître l'initiative.

© La Fresque du Climat, https://fresqueduclimat.org/

Pour financer le voyage, ceux qui avaient les moyens de prendre leurs billets étaient invités à le faire. Pour les autres, un *crowdfunding* a permis de récolter plus de 100 000 euros de dons. Les bénévoles appartenant à une autre ONG accréditée ont parfois pu bénéficier des badges de cette organisation et réaliser des Fresques du Climat sur place. Ensemble, ils sont parvenus à établir des contacts clés, comme avec Andrej Plenković, Premier ministre de la Croatie, David Moinina Sengeh, ministre de l'Éducation de Sierra Leone, Nicola Sturgeon et Shirley-Anne Somerville, respectivement Première ministre et ministre de l'Éducation d'Écosse. Pour la France, les bénévoles ont rencontré Barbara Pompili, alors ministre de la Transition écologique, Valérie Masson-Delmotte, coprésidente du Groupe 1 du Giec pour son 6e rapport (AR6) et Yann Arthus-Bertrand, pour ne citer qu'eux. Jean Jouzel, paléoclimatologue et ancien coprésident du Groupe 1 du Giec, a reconstitué une fresque sur place en quelques minutes. Au total, pendant la COP, plus de 1 200 personnes issues de 66 pays ont participé à l'un des ateliers organisés sur place.

La Fresque en version numérique

Plus tard, début 2020, alors que le confinement obligeait une grande partie de la population mondiale à rester chez elle, la Fresque du Climat s'est davantage développée à l'international grâce à la numérisation de l'outil et aux animations en visioconférence. C'est notamment à cette période que les premiers Australiens ont participé à une Fresque du Climat.

Adapter la démarche aux contextes nationaux

Il ne suffit pas de traduire les cartes et de copier-coller les grands principes d'animation pour séduire un public planétaire. La Fresque du Climat doit aussi s'adapter aux contextes culturels, économiques, sociaux et politiques des pays d'intervention. Autant le contenu des cartes sur le fond ne dépend pas du lieu, autant la forme et le **débrief** peuvent nécessiter des adaptations. Ainsi, l'adaptation de l'atelier en Russie a nécessité un an de travail, en particulier pour décliner le contenu dans un contexte éducatif très différent. La formation scolaire des jeunes Russes met certes l'accent sur les sciences, mais parle peu du climat, d'où la nécessité d'expliquer davantage le cycle de l'eau, le rôle de la banquise ou encore l'impact de la déforestation.

Au Mexique, parler du dérèglement climatique n'est pas la priorité alors que le pays doit déjà lutter contre la corruption et les fortes inégalités sociales. Pour autant, les enjeux liés aux émissions de gaz à effet de serre du voisin des États-Unis sont clairement identifiés par les fresqueurs locaux. Les transports, en particulier, représentent une part importante de l'empreinte carbone, mais traiter ce sujet nécessite des investissements importants. Il en va de même pour « verdir » le tourisme, qui représente 8,7 % du PIB de ce pays selon l'OCDE.

Ces adaptations indispensables permettent d'accélérer la diffusion de l'outil. Symbole spectaculaire, en novembre 2023, les fresqueurs des Émirats Arabes Unis ont enregistré deux records du monde homologués par le Guinness World Records : celui de la plus grande leçon de sensibilisation au changement climatique et du plus grand nombre de nationalités réunies lors d'un tel événement. Ce sont ainsi 1 117 étudiantes et étudiants issus de 57 pays qui ont participé à cette Fresque du Climat géante au Centre d'exposition et de conférence Adnec à Abu Dhabi. L'exploit a nécessité pas moins de 131 animateurs.

Désormais, il sera de la responsabilité de chaque pays de travailler sur ces adaptations, en collaboration avec l'auteur de la Fresque, Cédric Ringenbach, qui les validera.

© Cédric Ringenbach, www.climatefresk.org

Structurer le déploiement international

L'association s'est déjà déployée de façon naturelle à l'international : à la fin 2023, près de 70 000 animatrices et animateurs avaient organisé des ateliers dans 156 pays. Certains disposent déjà de coordinateurs locaux : ils étaient une centaine, répartis à travers 69 pays en décembre 2023. Ce dynamisme tient avant tout à leur engagement, puisqu'ils sont les têtes de pont de l'association à l'international. Ce sont eux qui encouragent et favorisent la tenue des ateliers, mais aussi qui construisent et animent les communautés locales.

Au Mexique par exemple, le premier atelier s'est tenu à la fin 2020 et, en avril 2023, le pays comptait près de 200 animateurs pour 3 000 fresqués. Afin de créer cette communauté, la référente locale, Lucile de Castelbajac, a commencé par les institutions et entreprises françaises et francophones avant d'aller réaliser des ateliers pour les équipes de la Commission mexicaine de protection de la nature. Pour se développer au-delà de la ville de Mexico, l'antenne locale a profité d'événements internationaux en lien avec le climat pour se rapprocher des pays voisins. C'est ainsi que des communautés émergent progressivement au Chili, en Argentine, en Équateur, au Panama…

En matière d'organisation au-delà de l'Hexagone, les fresqueurs suisses sont précurseurs puisqu'ils sont les premiers à avoir créé une structure nationale dédiée à la réalisation de Fresques du Climat. Pour y parvenir, l'équipe locale a répondu à un appel à projets lancé par la fondation Clima Now[6], dont l'objectif est de mettre en avant et de financer des initiatives destinées à lutter contre le réchauffement climatique. En 2021, un nouveau programme baptisé « Spotlight » soutenu par le World Wide Fund for Nature (WWF) Suisse et One Planet Lab a réuni plus de 400 projets pour en sélectionner trois. La Fresque du Climat a ainsi été dotée de 100 000 francs suisses pour déployer ses activités transalpines.

Protection de la marque Climate Fresk

Le mot « fresque » est un nom commun de la langue française que les différentes **fresques amies** ont pu utiliser dans son acception française. En revanche, en anglais, le terme «Fresk» est un néologisme. Il n'est, par conséquent, pas possible pour des fresques amies de l'utiliser sans recueillir l'accord préalable du **fonds de dotation** qui gère la propriété intellectuelle et la marque Climate Fresk.

6. https://climanow.ch/en/

Dans leur sillage, d'autres pays prévoient de lancer leur propre structure afin de déployer la Fresque du Climat. Parmi les plus avancés figurent l'Allemagne, l'Espagne, le Royaume-Uni, la Chine et les États-Unis, pays dans lesquels des associations, entreprises ou fondations pourraient être créées courant 2024.

Une autre décision à valider en 2024 concerne la forme juridique et économique que prendra le déploiement de la Fresque du Climat à l'international. L'une des options envisagées est de créer des structures locales par pays, qui seront aidées financièrement par les plus matures. L'ensemble pourrait être piloté par une structure faîtière à dimension internationale.

Fonds de dotation et propriété intellectuelle

Le statut de **fonds de dotation** a été créé en 2008 par la loi de modernisation de l'économie. Un fonds de dotation est un outil de philanthropie destiné à réaliser une œuvre ou une mission d'intérêt général. Souvent comparés à une fondation, les fonds de dotation sont plus simples à créer puisqu'une déclaration et le dépôt des statuts en préfecture suffisent.

Mis en place par Cédric Ringenbach, le fonds de dotation baptisé Climate Fresk Foundation a vocation à héberger la propriété intellectuelle de la Fresque du Climat. Sa mission consiste à protéger et exploiter cette propriété intellectuelle et à en gérer les revenus. Avec les sommes engrangées, le fonds de dotation, piloté par un conseil d'administration, doit, conformément à la loi, respecter l'intérêt général[7]. L'avantage de cette forme juridique est avant tout que la propriété intellectuelle des cartes et de l'outil Fresque du Climat ne dépende pas d'une seule personne, la gouvernance étant collégiale. De plus, en cas de décès de l'auteur, le fonds lui survivra, de même que l'exploitation de l'outil.

7. https://www.economie.gouv.fr/cedef/fonds-dotation

« Un équivalent de la Fresque adapté à la **construction**

- **Renaud Bonnel**
- **Né en 333 ppm** (1977)
- **Statut :** administrateur de la Fresque du Climat, fondateur de la Fresque de la Construction, enseignant à l'Ensam d'Angers

Quelles ont été les motivations à l'origine de la Fresque de la Construction en 2020 ?

J'étais passionné par les enjeux liés au changement climatique et à ce titre très investi dans l'association de la Fresque du Climat. Par ailleurs ingénieur en bâtiment, je dirigeais une PME familiale à Angers spécialisée dans les travaux de gros-œuvre et dans la restauration de monuments historiques. Je connaissais donc bien les habitudes du monde de la construction qui, globalement, me déplaisaient. L'énorme quantité de déchets produits par le secteur me posait problème. Pour travailler différemment, j'ai mis l'accent sur la construction en pierres massives avec moins de béton, et donc moins de CO_2. Si j'ai réussi à bâtir ainsi un immeuble dans le centre de Paris en 2015, je n'ai pas trouvé suffisamment de marchés pour poursuivre et j'ai finalement vendu mon entreprise en 2019.

Mon objectif a alors été de sensibiliser les professionnels du secteur aux enjeux environnementaux *via* des conférences. Je voulais m'adresser spécifiquement aux maîtres d'ouvrages, afin qu'ils soutiennent les projets de construction qui prennent en compte les limites planétaires, en particulier dans leurs appels d'offres. Et pour y parvenir, le préalable indispensable est que ces décideurs aient connaissance des enjeux énergétiques et climatiques. Le modèle pédagogique de la Fresque du Climat m'a enthousiasmé et convaincu. J'ai ensuite voulu créer un équivalent pour la construction.

Comment s'est passée la mise au point de cet atelier ?

Pour créer le jeu, j'ai lancé un appel sur la boucle Telegram de la Fresque du Climat au moment du confinement en 2020. J'ai reçu une dizaine de réponses, toutes émanant de professionnels du secteur. Ensemble, nous avons mobilisé nos connaissances et nos expériences, mais aussi des sources d'information fiables comme l'Agence de la transition écologique (Ademe), le ministère de l'Écologie, le Centre d'études et de recherches sur l'énergie (Ceren), etc. À partir des données récoltées, nous avons pu établir les 45 cartes du jeu.

Comme dans la Fresque du Climat, les cartes s'organisent par lots. Nous partons des usages des bâtiments (se loger, se déplacer, échanger, produire, transporter, disposer...) pour aborder ensuite différentes thématiques : la conception, la construction, l'urbanisme, la rénovation... et leurs impacts.

Au fil de l'atelier les participants abordent aussi les notions de consommation d'énergie des bâtiments, de rénovation et les émissions de **GES** liées à la production des matériaux de construction.

Nous avons également intégré les conséquences ultimes que sont la démolition et la production de déchets, les impacts du changement climatique sur les bâtiments, la dégradation de la qualité de vie et les problèmes pour la santé humaine.

Quelles sont les cartes ou les moments emblématiques de la Fresque de la Construction ?

Premier clin d'œil, la Fresque de la Construction démarre comme un jeu de construction avec des cartes à assembler à la façon d'un puzzle. Certaines cartes sont emblématiques par la transversalité des sujets abordés. C'est le cas, par exemple, de la nouvelle carte ajoutée début 2023 et dédiée aux seuils de la Réglementation environnementale 2020 (RE 2020). Très connue des professionnels du secteur, cette loi fixe des seuils d'émissions de CO_2 pour les nouveaux bâtiments. Elle oblige tous les constructeurs à comptabiliser les émissions de carbone de l'ensemble des matériaux qui interviennent dans la construction. Bien sûr, elle prend aussi en compte les émissions liées à la consommation d'énergie.

Sur cette même carte, nous indiquons ces seuils, qui se renforcent au fil des années, mais nous y plaçons aussi les constructions actuelles. Cela montre à quel point la marche est haute pour répondre aux futurs enjeux :

diviser par deux les émissions liées à la construction d'ici à 2030 pour respecter la Stratégie nationale bas carbone (SNBC)[1].

Comment se déroule une Fresque de la Construction ?

L'atelier rassemble de cinq à huit participants autour d'une grande table. Après une présentation de 20 minutes sur les enjeux de l'énergie et du climat, ils posent les cartes de façon à former leur fresque suivant la logique des causes et des conséquences. L'atelier dure environ trois heures avec une phase de réflexion, une autre de créativité et enfin la phase de discussion pour gérer les émotions et passer à l'action.

À la fin 2023, 5 000 participants ont pris part à nos ateliers avec des profils différents. Au début, nous recevions beaucoup de passionnés du climat qui réalisaient une sorte de tour des fresques existantes. Désormais, les demandes des professionnels de la construction sont majoritaires. Souvent, il s'agit pour une entreprise d'embarquer ses équipes afin de dresser un constat commun sur le climat.

> Nous visons les 10 000 participants grâce à toujours davantage d'animateurs.

L'objectif est qu'ils identifient les actions à mettre en œuvre – et ce à très court terme, car ce secteur, responsable en France de 31 % des émissions de GES, a un impact significatif.

L'atelier présente-t-il également des solutions ?

Comme il dépasse souvent les trois heures prévues, nous avons choisi de ne pas aborder toutes les solutions. À la place, nous interrogeons les participants sur les différents axes de réflexion qu'ils peuvent d'ores et déjà mettre en place par eux-mêmes.

1. La Stratégie nationale bas carbone est la feuille de route de la France pour lutter contre le changement climatique. Elle donne des orientations pour mettre en œuvre, dans tous les secteurs d'activité, la transition vers une économie bas carbone, circulaire et durable. Elle définit une trajectoire de réduction des émissions de gaz à effet de serre jusqu'à 2050 et fixe des objectifs à court et moyen termes : les budgets carbone. Elle poursuit deux ambitions : atteindre la neutralité carbone à l'horizon 2050 et réduire l'empreinte carbone de la consommation des Français (source : www.ecologie.gouv.fr). https://www.ecologie.gouv.fr/strategie-nationale-bas-carbone-snbc.

Par ailleurs, nous venons de préparer un nouvel atelier dédié aux outils mobilisables pour construire mieux et moins : l'atelier des pistes d'action. Nous répondons pour cela à un « appel à **communs** »[2] de l'Ademe.

Entre les matériaux biosourcés, la rénovation, la végétalisation des villes, le changement d'usage des bâtiments existants, la débitumisation, etc., les solutions ne manquent pas et méritent des échanges spécifiques. Ce nouveau jeu, établi sur l'intelligence collective, comptera une soixantaine de cartes et sera prêt courant 2024.

Quels sont les autres projets pour la Fresque de la Construction ?

Tout d'abord, nous visons les 10 000 participants grâce à toujours davantage d'animateurs. Ensuite, nous travaillons à obtenir une reconnaissance officielle de l'ONU afin de participer aux prochaines COP. Enfin, nous commençons à décliner notre fresque à l'étranger après les premières adaptations pour la Suisse et l'Espagne. Les efforts de transférabilité sont bien réels car ils nécessitent de tenir compte du mix énergétique et des habitudes constructives de chaque pays ainsi que des réglementations locales.

”

2. https://resilience-territoire.ademe.fr/communs/. Les communs sont des ressources mises en partage et alimentées par une communauté, qui met en place une gouvernance et des règles pour les protéger. Les communs peuvent concerner la biodiversité, la qualité de l'air ou le cycle de l'eau, mais il peut aussi s'agir de résilience des territoires ou de protocoles open source de mesure des économies d'énergie (chapitre 5).

Dépasser la **sidération**

- **François Laugier**
- **Né en 357 ppm** (1993)
- **Statut :** cofondateur de l'Atelier 2tonnes, président de la 2tonnes Compagnie et membre du conseil d'administration de la 2tonnes Association

Pourquoi avoir créé l'Atelier 2tonnes en novembre 2019 ?

Étant moi-même animateur de la Fresque du Climat, je voulais donner envie d'agir pour que les personnes dépassent la paralysie qu'elles peuvent ressentir devant l'ampleur des défis. C'est dans ce contexte que j'ai créé un atelier en 2019 qui a progressivement fédéré une petite communauté de bénévoles. L'ambition a pris un tournant décisif lorsque j'ai rencontré Pierre-Alix Lloret. Ensemble nous avons décidé de travailler à plein temps sur l'atelier et de créer la 2tonnes Compagnie, puis la 2tonnes Association.

Concrètement, comment se déroule un Atelier 2tonnes ?

Pour que l'expérience de trois heures soit la plus immersive et concrète possible, nous avons personnalisé l'atelier afin que les participants jouent avec leurs propres données. Ils doivent donc au préalable calculer leur bilan carbone en ligne, grâce à notre outil. L'atelier se poursuit par un quiz qui sert à introduire les notions clés pour la simulation, qui est au cœur de l'atelier, mais aussi pour présenter la théorie économique du Donut.

L'objectif est de réduire leurs émissions de CO_2 – qui s'élèvent en moyenne à 10 t/habitant/an pour la France – à 2 t/habitant/an en 2050, conformément à l'Accord de Paris de 2015. Pour l'atteindre, les participants utilisent des

« cartes action » et les posent au cours de cycles qui alternent mesures individuelles et choix collectifs. Par exemple, le premier tour s'adresse aux individus et porte sur l'alimentation. Ils ont le choix entre devenir flexitariens, végétariens, réduire le gaspillage, remplacer la viande rouge par de la viande blanche, acheter bio ou local..., puis le logiciel calcule l'impact des mesures prises. Ce calcul sert à visualiser l'impact des actions et à retenir les principaux ordres de grandeur.

L'atelier se termine par une phase de **débrief** qui vise à faire émerger des apprentissages transverses révélant l'ampleur d'un défi à la fois ambitieux et profond, mais atteignable. Cela implique d'agir sur toutes les thématiques aussi bien individuellement que collectivement en recourant à une palette de solutions : **sobriété**, efficacité, substitution. Notre message clé : la transition écologique n'adviendra qu'à condition de mobiliser l'ensemble des acteurs.

Comment avez-vous mis au point votre logiciel de comptabilité carbone ?

Il fonctionne comme une comptabilité classique qui manipule du CO_2. Nous interrogeons les habitudes en matière d'alimentation, de transport, de logement, de consommation de biens et de services. Le résultat s'exprime en tonnes de CO_2 émises sur une année.

Pour effectuer ces calculs, nous utilisons les données ouvertes et gratuites du site de l'Ademe, en particulier la base Empreinte[1]. Et nous cherchons à poser les questions les plus précises possible tout veillant à ce qu'elles restent simples et accessibles, afin que le questionnaire en ligne n'excède pas 20 minutes.

« Déjà 120 000 personnes sensibilisées grâce à 7 000 animateurs.

Nos résultats se situent entre ceux du calculateur MyCO2[2] de Carbone 4 et NosGEStesClimat[3] de l'Ademe. Les différences entre ces trois outils relèvent de choix méthodologiques et pédagogiques. Toutefois, nous échangeons régulièrement dans le cadre d'un groupe de travail animé par l'Association pour la transition bas carbone[4] afin de faire converger nos méthodologies.

1. https://base-empreinte.ademe.fr/aide/decouverte
2. https://www.myco2.fr/
3. https://nosgestesclimat.fr/
4. https://abc-transitionbascarbone.fr/

Quel bilan dressez-vous depuis la création de l'Atelier en 2019 ?

En fin d'année 2023, nous avions sensibilisé 120 000 personnes grâce à 7 000 animateurs, essentiellement en France. Nous commençons à nous développer à l'étranger pour répondre aux demandes ponctuelles. La 2tonnes Compagnie a réalisé 1,9 million d'euros de chiffre d'affaires sur son dernier exercice fiscal et compte 25 salariés ainsi que des stagiaires, des alternants et des free-lances.

Ces résultats s'expliquent par notre modèle économique. Pour les entreprises, nous proposons des ateliers animés par des professionnels ou la formation de leurs équipes afin que les salariés organisent des ateliers auprès de leurs collègues. Par ailleurs, nos offres pour les associations ou le grand public sont gratuites et à prix modéré pour l'enseignement supérieur.

Enfin, nous avons choisi le statut de société par actions simplifiée (SAS) de l'économie sociale et solidaire (ESS), ce qui implique de réinvestir 50 % de notre bénéfice dans l'entreprise chaque année et de limiter l'amplitude salariale. Chez nous, 100 % des bénéfices sont réinjectés dans le projet et les écarts de salaires ne dépassent pas le ratio d'un tiers.

Quel est le rôle de la 2tonnes Association ?

Elle a deux missions principales. La première est d'encadrer le déploiement non commercial auprès du grand public et d'autres associations. La seconde est de contribuer à la démarche de coconstruction de la gouvernance du projet avec la communauté des animateurs. Nous avons d'ailleurs lancé une grande consultation sur ce sujet à la fin 2023.

Et comment voyez-vous la suite ?

Notre raison d'être est « d'impulser ou de renforcer une démarche d'action positive et efficace pour une transition écologique, sociale et heureuse ». Nous voulons générer des changements profonds dans les comportements, les actions et les postures auprès de millions de Français et d'organisations, mais également diffuser un nouvel imaginaire et un rapport positif à la transition écologique. Notre ambition est aussi de contribuer à générer des dynamiques de changement dans des pays clés comme les États-Unis.

Cela implique d'avoir un réel impact et de pouvoir le mesurer. Au-delà des retours positifs des participants sur l'atelier lui-même, nous voulons entraîner des changements de comportement sur le long terme. Nous les mesurons grâce à une méthodologie rigoureuse qui s'inspire de la littérature scientifique. La psychologue intégrée à l'équipe travaille d'ailleurs avec différents chercheurs sur le sujet. Nous menons des tests depuis un an sur plusieurs centaines de participants et les résultats sont concluants. Malgré tout, nous devons encore concilier la rigueur du processus avec son accessibilité au plus grand nombre, car les anciens participants se lassent vite de répondre à de multiples questionnaires.

”

2 tonnes de CO_2/personne : d'où vient ce chiffre ?

Des ateliers comme « 2tonnes » ou « Inventons nos vies bas carbone » utilisent le chiffre de 2 tonnes de CO_2 équivalent d'émissions de **GES** par personne et par an comme un objectif à atteindre en France en 2050. Mais d'où vient-il ?

Les émissions globales actuelles représentent environ 55 milliards de tonnes de CO_2 équivalent (soit l'ensemble des GES)/an. Or, d'ici à 2050, respecter les Accords de Paris implique de diviser par trois les émissions mondiales de GES, soit un peu moins de 20 milliards de tonnes à l'échelle mondiale. Si on divise ce nombre par les 10 milliards d'individus qui peupleront la Terre à ce moment-là, on obtient un droit à émettre de 2 tCO_2eq/personne, d'où le succès de l'expression « 2 tonnes ».

On considère que les pays développés, qui ont commencé à émettre des GES plus tôt que des pays en développement comme la Chine ou l'Inde, ont une responsabilité historique dans les émissions. Ils doivent donc engager davantage de moyens pour limiter leurs émissions et les réduire en deçà de 2 tonnes/habitant/an.

Par exemple, les pays de l'OCDE se sont en général engagés à atteindre la neutralité carbone en 2050, c'est-à-dire que les émissions dues à l'homme devront être compensées. Concrètement, cela signifie que du dioxyde de carbone devra être retiré de l'atmosphère par des procédés gérés par les humains à hauteur du reliquat d'émissions incompressibles que nous n'aurons pas réussi à éliminer.

Les 2 tonnes correspondent donc à un objectif global moyen, mais les objectifs des pays développés sont encore plus ambitieux.

La théorie du Donut

La théorie du Donut a été développée par l'économiste britannique Kate Raworth dans le cadre de son travail pour Oxfam Grande-Bretagne. Après avoir assisté à une conférence sur les neuf limites planétaires, elle a cherché à allier les enjeux de justice sociale aux défis environnementaux. Pour prendre en compte les limites planétaires qui forment un plafond à ne pas dépasser d'une part, ainsi que les droits humains et la justice sociale qui forment un seuil minimal à respecter d'autre part, Kate Raworth a imaginé un *donut*.

Ludique, l'image joue un rôle majeur dans la compréhension et l'appropriation de ces principes : entre ces deux limites se trouve la zone juste et sûre au sein de laquelle l'humanité peut prospérer avec une économie inclusive et durable.

Présentée pour la première fois en 2012, en amont de la conférence des Nations Unies « Rio+20 », cette pensée est devenue un livre, *La Théorie du Donut, l'économie de demain en 7 principes*, paru dans sa version française en 2018 chez Plon.

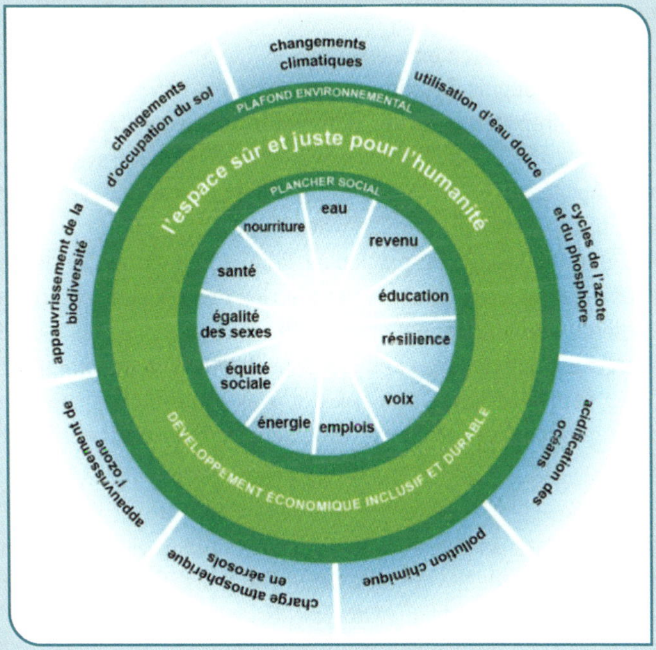

Source : Oxfam

« Nous avons le **pouvoir d'agir**, d'être acteurs

- **Laura Foglia**
- **Née en 323 ppm** (1968)
- **Statut :** cheffe de projet Mobilité au Shift Project, enseignante en mastère à l'École des Ponts ParisTech, consultante et facilitatrice mobilité bas carbone

© The Shift Project

Vous êtes coconceptrice de la Fresque de la Mobilité. Pouvez-vous nous expliquer son historique et son fonctionnement ?

Je travaille dans le domaine des politiques de mobilité depuis 28 ans, auprès des collectivités, des entreprises et des pouvoirs publics. Je collabore avec The Shift Project depuis 2018, année où nous avons démarré les travaux du « Guide pour une mobilité quotidienne bas carbone », que j'ai encadré en tant que cheffe de projet. C'était le premier travail du Shift Project réalisé dans les territoires, et nous visions en particulier les « zones de moyenne densité », à savoir les villes moyennes et les périphéries des grandes agglomérations, là où le potentiel de décarbonation est fort, mais les politiques plus difficiles à mettre en place que dans les centres denses. Nous nous sommes appuyés sur les retours d'expérience de ceux qui avaient développé des approches intéressantes ou tenté des politiques ambitieuses (élus et services techniques mais aussi agences d'urbanisme, entreprises et associations) afin de donner une vision pragmatique et systémique des politiques à mettre en place.

Le guide est sorti en février 2020, juste avant le Covid. Nous cherchions à le diffuser au-delà des webinaires que j'animais. C'est Jean-Noël Geist, responsable des affaires publiques au Shift Project, qui, inspiré par la Fresque du Climat, a proposé de développer une Fresque de la Mobilité fondée sur notre guide.

Un groupe de travail de Shifters a alors été constitué, sous la coordination de Laurent Perron, avec qui j'ai travaillé à l'élaboration du contenu des cartes et à la méthodologie, pour qu'elle reflète le contenu du Guide et soit alignée avec les messages du Shift Project. La Fresque de la Mobilité a été initialement conçue comme un atelier tout public de deux heures puis, en intégrant un module supplémentaire, nous avons mis au point deux formats de trois heures, l'un dédié aux collectivités et l'autre aux entreprises. En lien avec les travaux du Shift Project sur la décarbonation des événements culturels, une Fresque de la Mobilité culturelle a également été développée. Il en existe même une version grand public pour les 7-14 ans.

Qu'est-ce qui réunit et distingue la Fresque de la Mobilité et la Fresque du Climat ?

Si l'approche systémique réunit les deux fresques, la Fresque du Climat se focalise sur la compréhension du système climatique et de ses boucles de **rétroaction**, alors que la Fresque de la Mobilité met davantage l'accent sur les leviers d'action. Dans la partie « Panorama », la Fresque de la Mobilité montre les principaux impacts des déplacements sur les enjeux sociaux et environnementaux et la part des différents modes de transport dans les émissions de CO_2 en France. Ce cadrage général permet de sensibiliser les participants, avant de passer à la partie leviers d'action et « jeux de rôle ». Des cartes leviers (faire ses achats à proximité, prendre moins l'avion…) permettent aux participants de prendre connaissance des actions possibles pour réduire les distances ou la fréquence des déplacements, changer de mode de transport ou utiliser la voiture sobrement. L'objectif est de s'approprier chacun de ces leviers.

> ”
> La Fresque de la Mobilité est un instrument de sensibilisation et d'*empowerment*.

Les participants travaillent ensuite en sous-groupes sur des profils de personnes ou ménages pour en réduire l'empreinte carbone, à travers l'utilisation des différents leviers. Les profils sont soumis au collectif – par exemple Sophia, employée à La Défense, ou James, intérimaire en périphérie d'Angers –, avec une estimation de leurs émissions et de leur budget mobilité de départ. L'animateur propose ensuite des solutions, en sachant qu'il n'y a pas de solution type et que la transition aura lieu non seulement pour des raisons environnementales mais aussi grâce à l'intérêt économique pour le budget des ménages. L'atelier présente les effets de la combinaison de plusieurs actions et montre que même dans des cas qui semblent difficiles, il est toujours possible de réduire les émissions de carbone. La Fresque de la Mobilité permet ainsi de sensibiliser aux différents leviers pour adopter une mobilité moins carbonée, aussi bien au quotidien que dans les trajets de vacances ou de loisirs.

L'atelier se termine par la phase de « convergence », au cours de laquelle l'animateur vérifie les informations retenues et les actions que chaque participant va vouloir mettre en œuvre.

À mon sens, la Fresque de la Mobilité est un instrument de sensibilisation et d'*empowerment*. J'utilise cet anglicisme car il véhicule bien l'idée de reprise du pouvoir. Nous avons le pouvoir d'agir, ce qui replace chacun dans une position d'acteur.

La Fresque de la Mobilité

Créée en 2021, la Fresque de la Mobilité[1] se compose d'une série de cartes d'un format proche de celles de la Fresque du Climat. L'atelier Citoyens (version tout public) comprend 24 cartes pour le panorama, 18 cartes de leviers pour l'action individuelle et 13 cartes de profils. En plus de ces cartes, la version Territoires (pour les collectivités) compte 25 cartes leviers d'action supplémentaires, et celle pour les Entreprises en compte 20 de plus. Ainsi, avec l'action « Déjeuner sur ou près de mon lieu de travail », les participants disposent de la carte d'entreprise « Permettre aux employés de déjeuner sur leur lieu de travail ».

© Fresque de la Mobilité

Les ateliers Territoires et Entreprises durent trois heures au lieu de deux pour l'atelier de base.

Le panorama dure 30 minutes pour pouvoir consacrer du temps aux leviers d'action et à la phase de « jeux de rôle ».

À la fin 2023, la Fresque de la Mobilité comptait 900 animateurs et 10 000 participants.

1. https://fresquedelamobilite.org/

CHAPITRE #5

La Fresque dans l'écosystème militant… et au-delà !

Quelle place prend la Fresque du Climat dans son écosystème et dans les différentes strates de la société ? Est-elle politisée ? Qu'apporte-t-elle à ceux qui ont choisi d'en faire leur métier ? Et, au vu du développement qu'elle a connu, a-t-elle atteint ses limites ?

La Fresque, un outil politique ?

À la question « La Fresque du Climat est-elle politisée ? », la réponse est simple : non, elle n'est pas politisée, elle est apartisane. Et politique également, car si tout n'est pas politique, l'urgence climatique et les conditions d'habitabilité de la Terre le sont.

Le point de vue de son auteur

En réponse à la chronique d'un journaliste du *Monde* qui reprochait à la Fresque du Climat de « dépolitiser l'enjeu climatique »[1], Cédric Ringenbach, auteur du

---

1. Stéphane Foucart sur le blog du *Monde*, 23 avril 2023, https://www.lemonde.fr/idees/article/2023/04/23/la-fresque-du-climat-invisibilise-les-racines-politiques-et-ideologiques-du-rechauffement_6170675_3232.html

jeu, a publié une tribune[2] en juin 2023. Dans celle-ci, il rappelle qu'au vu des constats sur le changement climatique et des moyens à mettre en œuvre pour l'atténuer, la Fresque du Climat et les personnes qui la diffusent visent à embarquer le plus grand nombre d'individus et d'organisations, toutes tendances confondues, pour rendre accessibles les connaissances scientifiques et mettre les enjeux climatiques au cœur des débats citoyens et de l'agenda politique. Il juge en effet que, si la sensibilisation aux enjeux climatiques n'est pas suffisante pour déclencher l'action, elle est nécessaire. Pour pouvoir agir, il faut comprendre et, à ce titre, la sensibilisation est la première brique du passage à l'action.

Cédric Ringenbach rappelle également que la Fresque du Climat s'est donné pour mission d'accélérer la compréhension des enjeux climatiques pour contribuer à déclencher, au plus tôt, la bascule nécessaire à la préservation du vivant. À celles et ceux qui veulent savoir ce qu'il manque à la sensibilisation pour déclencher cette bascule, il répond par deux mesures : le passage à l'échelle et une courroie de transmission vers l'action politique.

Avec les multiples expériences accumulées depuis 2018, telles que **rentrées Climat**, fresques géantes et surtout diffusion exponentielle, l'atelier a prouvé qu'il pouvait être déployé à grande échelle. Pour son auteur, les fresqueuses et les fresqueurs disposent d'un outil de sensibilisation massive qui leur donne la possibilité de bâtir une société plus juste, équitable et durable, mais à condition que le passage à l'échelle soit accompagné d'un passage à l'action politique qui est l'objet de la seconde partie de l'atelier.

Cédric Ringenbach reprend les mots du Giec selon lequel « le climat est un bien commun » et, comme la politique n'est autre que la gestion des **communs**, la crise climatique est donc, par essence, une question politique. Toujours selon les membres du Giec, « la décrue de nos émissions nécessite de prendre des mesures politiques et d'avoir des États forts ». Pour le créateur de la Fresque, l'objectif de la dernière phase d'un atelier n'est pas que l'**animateur** propose des solutions, mais que le groupe les fasse émerger. Si la Fresque rassemble autant, c'est justement grâce à cette posture de neutralité qui permet de laisser parler et d'entendre toutes les sensibilités, et de toucher tous les publics. La

2. « La fresque du climat est-elle trop dépolitisée ? », tribune de Cédric Ringenbach, 1er juin 2023, site de Novethic, https://www.novethic.fr/actualite/environnement/climat/isr-rse/la-fresque-du-climat-est-elle-trop-depolitisee-reponse-dans-une-tribune-exclusive-151546.html

dimension politique du sujet n'est donc en aucun cas invisibilisée : mettre la question du climat à l'agenda du débat citoyen est déjà en soi un acte politique.

Point important, dans la dernière phase de l'atelier, ce sont les participants qui décident de parler de décroissance ou de croissance verte, de **sobriété** ou de solutions technologiques, de prédation, de domination, de capitalisme, de temps de travail, etc. Mais c'est bien l'atelier qui leur aura permis de le faire car, si la Fresque du Climat n'apporte pas de solutions, elle ouvre un espace de débat.

À celles et ceux qui demandent une version 2 de la Fresque du Climat, Cédric Ringenbach répond que cette suite existe déjà. Ce sont tous les ateliers qui ont été développés, y compris en s'inspirant du principe pédagogique ou du mode de diffusion de la Fresque du Climat : l'Atelier 2tonnes, la Fresque du Numérique, celle de la biodiversité, Roads to Net Zero©, Inventons nos vies bas carbone, MyCO_2, The Week, The Choice, Climate School, etc. Ces ateliers donnent les ordres de grandeur, couvrent d'autres domaines ou prolongent l'exercice de réflexion jusqu'à la concrétisation de la transition écologique et au passage à l'action politique.

L'auteur de la Fresque du Climat conclut cette tribune en rappelant que les solutions les plus géniales pour sauver le climat viendront de celles et ceux qui ne se sont pas encore emparés de ces sujets car ils sont objectivement bien plus nombreux que les personnes déjà impliquées. Il est donc temps d'aller les chercher car c'est ensemble que nous y arriverons. Là réside la dimension politique du projet. La Fresque n'est donc pas politisée mais reste politique car le dérèglement climatique est un sujet universel qui nécessite des réponses à appliquer collectivement.

La Fresque vue par la classe politique

La Fresque est politique donc, mais qu'en est-il des responsables, hommes et femmes politiques ? Souhaitent-ils s'informer sur le changement climatique et les processus à l'œuvre ? Se montrent-ils réceptifs à l'idée de participer à un atelier ? Si l'association a créé le **Mandat Climat** (chapitre 2), un dispositif qui s'adresse spécifiquement aux élus ainsi qu'à leurs équipes, les animateurs constatent qu'il reste difficile de toucher ce public. Par manque de temps ou d'intérêt de leur part ? Sans doute un peu des deux. Dans les collectivités locales, si quelques élus et leurs équipes ont déjà été sensibilisés, les décideurs restent difficiles à toucher. En effet, le délai entre la prise de contact et leur participation à l'atelier est très long.

La Fresque a toutefois fait mouche chez des personnalités emblématiques comme le cabinet de la Première ministre Élisabeth Borne en son temps, des députés ou des sénateurs. À la surprise générale, le niveau de ces décideurs s'est révélé globalement bas. Ils ont été confrontés à leurs contradictions, à leur ignorance et à leurs **biais cognitifs** comme n'importe quel citoyen, car ils n'étaient pas plus informés que la population générale. Le constat est le même du côté des hauts fonctionnaires de l'État. Le manque de connaissances sur le sujet prouve la nécessité d'une montée en compétence rapide. Les témoignages des animateurs mettent néanmoins en évidence une prise de conscience de la part de ces participants, qui comprennent globalement que le changement climatique a déjà des conséquences en France comme à l'international et que le phénomène s'intensifie.

L'inertie joue également beaucoup dans l'action insuffisante de l'État pointée par la société civile. Une mesure contre le réchauffement climatique proposée par les services étatiques ou même les citoyens peut, une fois qu'elle a fait le tour des ministères, être vidée de tout sens et devenir parfaitement inefficace.

D'une manière générale, les responsables politiques auraient dû se saisir depuis longtemps de la lutte contre le réchauffement climatique, que ce soit en favorisant la sensibilisation de la population ou en mettant en œuvre des solutions, aussi bien en matière d'**atténuation** que d'**adaptation**. Les quelques mesures proposées recueillent un avis négatif du Haut Conseil pour le Climat car elles ne sont pas à la hauteur des défis à relever.

La Fresque du Climat fait partie des outils qui pourraient être diffusés encore plus largement, notamment grâce au soutien de l'État. De timides actions émergent sur le front de la sensibilisation : le ministère des Transports a formé une cinquantaine d'animateurs, en interne, à la Fresque de la Mobilité. Et depuis le second semestre 2023, des ateliers de vulgarisation et d'action sur les grands enjeux en matière de climat, de biodiversité et de ressources naturelles sont déployés pour les 25 000 hauts fonctionnaires de la fonction publique étatique.

Un renversement de la hiérarchie des valeurs

La Fresque a instauré un nouveau rapport à l'argent. D'une part, une relation décomplexée dans un monde militant où l'argent est souvent un tabou. Il est ainsi devenu acceptable, et même logique, d'être payé pour « sauver le monde », estime Cédric Ringenbach. D'autre part, un nouveau rapport au profit avec des acteurs économiques, les fresqueurs, qui privilégient le projet global à leurs propres intérêts financiers immédiats.

Dépasser le tabou de l'argent

Au sein de la Fresque du Climat, le rapport à l'argent peut se résumer ainsi : les formations sont gratuites ou à coût maîtrisé pour les publics qui ne peuvent se permettre d'investir et payantes pour ceux qui le peuvent. L'argent récolté sert notamment à couvrir les frais de fonctionnement de l'association et de gestion du réseau des animateurs. Lorsque l'association a été créée, Cédric Ringenbach a voulu que cette absence du tabou sur l'argent soit inscrite dans les principes fondateurs. Une préoccupation qui tient à son expérience du militantisme environnemental, en particulier dans le monde de la permaculture. Le fondateur de l'association pressentait que gagner de l'argent sur la sensibilisation écologique ne serait pas naturel pour tous.

Vivre d'engagement et... de fresques !

Formation de qualité, l'atelier de la Fresque du Climat est payant pour les entreprises et les collectivités. Les rentrées financières qu'il peut générer ont naturellement amené des animateurs bénévoles à en faire leur métier. Ces **fresqueurs professionnels** ont développé leur activité en parallèle de celle de la Fresque. La plupart d'entre eux ont commencé par des sessions bénévoles ou peu rémunératrices puis, quand les entreprises sont venues les trouver, ils ont adapté leurs tarifs à la qualité réelle de leur prestation. Leur montée en compétence, le bouche-à-oreille, la prospection mais surtout les demandes reçues et redistribuées ensuite par l'association leur ont ensuite permis de gagner en expérience et en notoriété.

La répartition du temps de travail d'un fresqueur professionnel est variable. Certains consacrent la totalité de leur énergie au développement de leur entreprise quand d'autres, conformément aux principes fondateurs, s'investissent encore beaucoup dans le bénévolat pour faire connaître l'association et contribuer à la diffusion de l'atelier. Ces derniers arrivent néanmoins à vivre de leurs revenus de fresqueurs, certains en réduisant leurs besoins. Ils accordent ainsi leurs convictions et le discours de sobriété qu'ils prônent dans les ateliers avec leur mode de vie.

Si la Fresque a permis à des individus de gagner leur vie et d'être alignés avec leurs convictions, ils ne sont pas les seuls à tirer un revenu de l'atelier.

La Fresque contribue également à développer des cercles vertueux au sein d'associations ou de projets écologiques à l'équilibre économique précaire. Ces structures, par exemple des écolieux, ont pu assurer leur pérennité et développer une activité tout en restant en accord avec leurs valeurs. Certains de leurs membres ont également découvert le monde de l'entreprise en fresquant une PME ou la filiale d'un groupe international. Autant d'initiatives qui participent à la diffusion des valeurs de l'association auprès du plus grand nombre.

Un état d'esprit entrepreneurial

Les fresqueurs professionnels commencent souvent avec le statut de travailleur indépendant. Au fur et à mesure du développement de leur activité, en complément de la Fresque du Climat, ils enrichissent leur offre de services en proposant d'autres ateliers. Suivant les opportunités, certains vont jusqu'à créer une structure plus élaborée de type cabinet de conseil avec, à la clé, des embauches ou des contrats de sous-traitance avec d'autres animateurs. Outre les animations d'ateliers et mus par la volonté de passer à l'étape suivante, ils accompagnent et aident leurs clients dans leur transformation écologique par des formations, des conférences ou même du conseil en stratégie.

Au-delà de la sensibilisation au dérèglement climatique, la Fresque peut donc favoriser un esprit entrepreneurial. Elle place ces animateurs professionnels sur une voie qu'ils n'avaient peut-être pas imaginée auparavant – toujours dans l'idée que ce sont eux, les animateurs, donc les acteurs, qui vont transformer la société.

Ce rôle de financement indirect est un moyen de gagner sa vie, désormais connu et qui a fait ses preuves. Il s'applique également à tous les nouveaux outils qui émergent dans le sillage de la Fresque du Climat. Le vœu de nombreux acteurs du secteur se réalise ainsi : les personnes qui s'engagent pour l'écologie perçoivent une rétribution directe aussi bien qu'indirecte de leur action jusqu'alors bénévole.

Quand la Fresque du Climat se heurte à ses propres limites

Outil ultra efficace, la Fresque du Climat a connu un développement et une diffusion exponentiels. Depuis sa création en 2018, les efforts des animateurs et des permanents de l'association ont surtout porté sur la diffusion au plus grand nombre. Si cette première phase a mis l'accent sur la quantité, elle s'est aussi heurtée aux limites du modèle.

Des limites humaines

Depuis 2018, le développement exponentiel de la Fresque a permis la formation de nombreux animateurs. Si cette première étape représente une base solide, les fresqueurs les plus engagés la prolongent et se forment continuellement, souvent par leurs propres moyens. Leurs compétences et la qualité de leurs animations ne sont vérifiées qu'à partir de la ceinture verte. En deçà, si leurs animations ne sont pas conformes au cahier des charges de l'association, cette dernière sera difficilement au courant et souvent après un délai certain. Or, lacunes ou raccourcis lors de l'animation risquent de diminuer l'efficacité et la portée des ateliers.

Dispenser des animations de haute qualité constitue une forte exigence pour les fresqueurs professionnels et les animateurs internes qui interviennent dans les organisations, où une animation moins qualitative risque d'entacher l'image de l'outil et de l'association. C'est encore plus vrai dans le cas d'une organisation qui déciderait de déployer l'atelier sans accompagnement. La Fresque du Climat n'est, pour le moment, pas à même de contrôler les prestation des animateurs internes, en particulier pour s'assurer que l'outil ne soit pas utilisé à des fins de ***greenwashing***.

L'activité des animateurs peut également être un facteur limitant de diffusion. Selon les données recueillies par l'association, 60 % des personnes ayant suivi la formation ne transforment pas l'essai en animant un atelier par la suite. Même si ce chiffre est certainement moindre en réalité – faute d'alimenter leur compteur, une partie des animatrices et des animateurs actifs passent sous le radar – il reste toutefois largement améliorable.

Un atelier contraint par son propre modèle ?

Les limites intrinsèques de l'atelier sont également un facteur explicatif car, si la Fresque du Climat constitue un outil efficace pour expliquer un sujet complexe, même sa version simplifiée ne rend pas nécessairement le sujet accessible à tous. Le jeu a ainsi connu un succès croissant chez les publics diplômés du supérieur comme l'atteste leur nombre important dans la communauté des animateurs.

On retrouve d'ailleurs ce biais dans le vocabulaire utilisé lors de l'animation – largement calqué sur celui des consultants – comme dans les relations entre animateurs qui peuvent parfois tourner en vase clos.

Faire sauter les verrous pour aller plus loin

Certaines habitudes ou convictions ancrées dans la société en limitent la diffusion. Malgré l'urgence, le changement climatique n'est pas encore une priorité partagée, en particulier par les responsables politiques. De même, dans les classes d'âge les plus jeunes, certains sujets sociaux – inclusion, lutte contre le racisme et le sexisme… – occupent le devant de la scène et occultent le fait que, si le climat s'emballe, ces sujets se retrouveront loin derrière les besoins vitaux, alimentant ainsi inégalités et discriminations.

Ces constats extérieurs corroborent ceux des membres de l'**écosystème** de la Fresque du Climat : l'atelier connaît depuis 2023 un ralentissement de sa croissance. La qualité parfois insuffisante des animations et un discours pas toujours adapté aux différents publics peuvent y contribuer mais ne l'expliquent pas complètement. Certains estiment que les publics les plus réceptifs ont déjà été formés et qu'il leur faut à présent s'adresser aux plus réticents. Le contexte économique actuel explique également ce plafonnement. Pour les animateurs professionnels, toujours plus nombreux, il se manifeste par une baisse de leurs revenus – pour les plus anciens – , et par une difficulté à lancer leur activité – pour les nouveaux arrivants.

La question d'une potentielle limite à la diffusion de la Fresque du Climat peut donc être posée. La totalité de la population française ne pourra évidemment pas participer à un atelier mais la Fresque a peut-être besoin d'être encore plus accessible avec, par exemple, des formats renouvelés. Et avant que cette limite soit atteinte, le modèle économique de la Fresque fera sûrement l'objet d'une réflexion car proposer uniquement des prestations de sensibilisation au climat ne sera plus suffisant. Et ce qui se vérifie en France se répercutera ailleurs, au fur et à mesure de la diffusion internationale de l'atelier.

Cet essoufflement est propice à de premiers bilans qui permettent de rebondir et d'amorcer la seconde phase de développement de l'association. Dans cette optique, certains animateurs aimeraient que l'impact individuel comme institutionnel de l'atelier soit évalué, ainsi que ses effets sur les politiques publiques. Pour l'instant, seuls les retours des animateurs sont partagés de façon informelle, sans évaluation à long terme, aussi bien auprès du public individuel qu'institutionnel.

Savoir précisément en quoi la Fresque a modifié les perspectives des participants et trouver le bon registre pour sensibiliser le reste de la population sont les deux principaux leviers à actionner pour faire sauter les verrous actuels. L'association souhaite également continuer à porter haut ses valeurs et principes fondateurs, tels que le bénévolat ou la démarche **Swarmwise** (chapitre 6).

Sensibiliser la population sans relâche

- **Anastasia Dereppe**
- **Née en 355 ppm** (1991)
- **Statut :** fresqueuse professionnelle, ancienne référente IdF, directrice d'Essaim d'Avenir, cofondatrice de la Fresque du Sexisme et de Kosmogonia

© Born in PPM, Mary-Lou Mauricio

Comment conjuguez-vous vos activités de bénévole et de fresqueuse professionnelle ?

Les deux activités sont indissociables et s'alimentent l'une l'autre. J'ai été particulièrement impliquée lors des premières années de l'association en tant que référente Île-de-France, coordinatrice des Rentrées Climat, participante active à de multiples groupes de travail. Avec mon partenaire Benoît Marienval (chapitre 3), nous fresquions toutes les semaines, dès que nous en avions l'occasion et avec une énergie débordante ! Nous avons ainsi développé un réseau professionnel et rencontré une grande partie des animateurs du réseau. Quand toutes les personnes que nous avions aidées ou croisées ont eu besoin de se former ou de faire appel à des prestataires, elles se sont naturellement tournées vers nous.

C'est dans cet élan que nous avons créé notre structure Essaim d'Avenir en 2020 pour soutenir notre transition professionnelle, du salariat vers l'entrepreneuriat engagé. Depuis, nous accompagnons des organisations dans le cadre de formations sur les enjeux écologiques et de déploiements de la Fresque du Climat.

Le bon équilibre entre bénévolat et activité professionnelle reste une priorité dans mon rythme de vie : il me permet de libérer du temps pour développer des projets et soutenir des initiatives hors du système marchand.

Le bénévolat reste essentiel pour l'association. Aujourd'hui, certains nouveaux arrivants le négligent pour se focaliser sur la partie professionnelle, ce qui est dommage car c'est bien le cœur de l'association. À titre personnel, au-delà de l'expertise ou expérience, si je dois faire appel à des prestataires, je valorise l'implication pour le réseau dans mon choix final.

La Fresque du Climat vous permet-elle de subvenir à vos besoins ?

Concernant mes besoins financiers, lorsque j'étais salariée à temps plein, j'avais déjà un mode de vie relativement sobre (vie collective, mutualisation des usages et des achats). Puis, lorsque j'ai vraiment pris conscience des enjeux écologiques, j'ai questionné davantage mes besoins économiques présents et futurs afin de vivre de manière plus soutenable. Grâce au développement de prestations de formations écologiques, dont la Fresque du climat, j'ai pu maintenir un niveau de revenus suffisant et choisir de réduire mon temps de travail rémunéré avec pour objectif de diversifier mes engagements bénévoles. C'était ce qui me manquait le plus lorsque j'étais salariée cinq jours par semaine : du temps libre et un plus grand sentiment d'utilité.

Au bout de quelques années, grâce à un mode de vie bien plus sobre que la moyenne, cette démarche m'a permis de mettre de l'argent de côté pour financer un projet de recherche-action : Kosmogonia. Ce programme se propose d'aller à la rencontre de personnes qui, partout dans le monde, œuvrent en faveur de modèles soutenables.

Par ailleurs, outre les besoins financiers, mon cercle social a fortement évolué depuis mon implication dans différents collectifs associatifs, dont la Fresque, et pour le mieux !

En plus des collaborateurs d'entreprises, vous avez également fresqué des élus...

J'ai eu l'opportunité d'animer plusieurs ateliers auprès de sénateurs, de députés ou de cadres de différents ministères. Malgré un esprit général volontaire et curieux, j'ai parfois été surprise de constater que leur niveau de connaissances sur le sujet climatique était proche de la moyenne, c'est-à-dire relativement faible. Les participants ont, comme tout le monde, été confrontés à leurs lacunes, à leurs contradictions et à leurs **biais cognitifs**. Étonnamment, ils se sont sentis impuissants,

> Je redoute l'effet « retour de bâton » que l'on a pu observer dans la lutte contre le sexisme.

alors que j'entends dans la plupart de mes autres ateliers qu'il revient « aux politiques d'agir ».

Ces expériences m'ont permis de nuancer ma vision du sujet ; l'agenda politique est parfois déconnecté de la réalité des défis à relever. Il semble urgent de former ces publics pour qu'ils appréhendent pleinement la criticité des enjeux.

Et pour le reste de la société, quel constat dressez-vous ?

En France et à l'international, le **climatoscepticisme** progresse. Trente-six pour cent[1] des Français estiment que le réchauffement climatique n'existe pas ou qu'il n'est pas lié aux activités humaines ! Le sujet a beau émerger progressivement dans les médias et dans les stratégies des entreprises, les tendances ne sont pas réjouissantes pour autant. Les enjeux sont souvent mal abordés ; les débats d'opinion sont polarisés sans revenir sur les faits scientifiques et les ordres de grandeur, ne laissant pas aux experts et aux propositions concrètes la place qu'ils méritent.

Je redoute l'effet « retour de bâton » que l'on a pu observer dans la lutte contre le sexisme. À force d'entendre parler de changement climatique, il y a un risque que les gens se lassent et estiment – à tort – en faire suffisamment, voire qu'ils finissent par s'opposer au sujet.

La Fresque du Climat permet de lutter contre ce type d'effets, mais comment améliorer sa diffusion, et donc son impact ?

Concernant la diffusion, l'atelier présente l'avantage de s'adresser à tout le monde. Cependant, ce sont jusqu'à présent surtout les organisations privées et les écoles de l'enseignement supérieur qui déploient l'outil. Il est nécessaire d'élargir les publics pour contribuer à une culture climat au niveau sociétal, car le sujet climatique concerne tout le monde.

Pour y parvenir, la Fresque doit devenir encore plus accessible, avec des formats renouvelés et ajustés. De plus, la communauté des animateurs devrait tendre vers davantage de diversité, afin d'implanter l'atelier là où il fait défaut aujourd'hui, comme dans les universités, les établissements d'enseignement secondaire, les parcours d'apprentissage, les emplois ouvriers et les PME.

---

1. Source : étude « Fractures françaises » 2023, https://www.sciencespo.fr/cevipof/sites/sciencespo.fr.cevipof/files/Ipsos%20Sopra%20Steria%20-%20Fractures%20Franc%cc%a7aises%20-%20septembre_2023.pdf

En ce qui concerne l'impact, un public me semble prioritaire : les personnes au statut social et au pouvoir d'achat élevés, qui ont l'empreinte carbone la plus importante en moyenne, et donc un impact par leur emploi, leur réseau social, leur consommation, leurs usages et leurs investissements. Au-delà de l'impact quantitatif, ces acteurs peuvent contribuer à de nouveaux modèles de réussite en adaptant leurs comportements et, ainsi, changer la norme.

Quels enseignements tirez-vous de votre double casquette d'animatrice de la Fresque du Climat et de la Fresque du Sexisme ?

Le changement climatique déstabilise nos sociétés. De fait, il y a un risque fort que de nombreux enjeux sociaux soient relégués au second plan, d'où la nécessité de continuer à sensibiliser la population sans relâche.

Ce dérèglement du climat exacerbe les inégalités de genre. Selon l'ONU[2], ce sont les femmes et les filles qui subissent de plein fouet les répercussions les plus importantes des changements climatiques, ce qui amplifie les inégalités existantes entre les sexes et constitue une menace sans précédent sur leurs moyens de subsistance, leur santé et leur sécurité. Il est donc essentiel de prendre en compte les deux sujets sans les hiérarchiser car ils sont fortement liés.

”

Le triangle de l'inaction, un outil visuel et pédagogique

Le triangle de l'inaction, conceptualisé par Pierre Peyretou, fresqueur et professeur affilié à l'ESCP, illustre une situation de blocage collectif où chacun pointe du doigt les responsabilités des autres. Au lieu d'agir, chaque groupe attribue aux deux autres la responsabilité de son inaction. Le concept peut s'appliquer à de nombreuses thématiques, dont celle de la lutte contre le dérèglement climatique.

Ce triangle fonctionne dans six directions (ou trois doubles directions) :

- Les individus accusent les industriels de freiner les initiatives écologiques et les élus de ne pas défendre l'intérêt général.

---

2. https://www.unwomen.org/fr/nouvelles/article-explicatif/2022/03/inegalites-entre-les-sexes-et-changements-climatiques-des-enjeux-etroitement-lies
https://www.un.org/fr/chronicle/article/le-femmes-dans-le-contexte-des-changements-climatiques

- Les entreprises estiment que ce sont les consommateurs qui dictent les choix et qu'il incombe à l'État de fixer les règles.
- Les élus affirment que le pouvoir est aux mains des entreprises et que les citoyens ne votent pas pour des représentants politiques qui proposent d'agir pour le climat.

Pour dépasser ce triangle, il est nécessaire que les individus se placent en son centre et agissent aux trois pointes individuellement et collectivement : à la fois dans la sphère privée, la vie professionnelle et leur vie de citoyen.

Climat : dépasser le triangle de l'inaction (par Pierre Peyretou)

Source : https://pierre-peyretou.medium.com/climat-10-minutes-pour-cadrer-un-d%C3%A9bat-maintenant-on-fait-quoi-361beb5b8251

La Fresque du Climat, une **innovation pédagogique** appelée à durer

- **Frédérik Jobert**
- **Né en 340 ppm** (1981)
- **Statut :** directeur de programme transport et biomasse au SGPE, ex-responsable Climate & Sustainability du BCG

Vous avez travaillé au Boston Consulting Group (BCG). Comment la Fresque du Climat s'est-elle imposée au sein des équipes ?

Je travaillais depuis plusieurs années au BCG lorsque j'ai pris conscience des enjeux liés au climat, puis de ceux liés à la biodiversité. J'étais déjà chargé du secteur de l'énergie et j'ai participé à la création du bureau de Paris de la nouvelle *practice* (domaine d'expertise) Climate & Sustainability. Une des conditions de réussite était la montée en compétences de l'ensemble de nos équipes, des plus juniors jusqu'aux *senior partners*, et nous avons construit plusieurs séances de formations. Mais, souvent constituées de longues présentations PowerPoint, ces dernières manquaient d'impact et les équipes n'en tiraient pas le maximum. C'est à ce moment que j'ai découvert la Fresque du Climat. En trois heures d'atelier, les participants apprenaient bien davantage qu'en trois heures de présentation ! La Fresque du Climat apporte une démonstration scientifique, rationnelle et objective. Mais surtout, elle utilise les mêmes ressorts méthodologiques que les consultants du BCG : comprendre un problème complexe, le découper en petits problèmes, trouver les causes et les effets, arriver à le représenter de manière visuelle et accessible pour tous tout en rendant compte de sa profondeur. Cela fonctionnait tellement bien que nous l'avons ajoutée au programme d'intégration de tous les nouveaux arrivants, quelle que soit la *practice* visée. Rapidement, nous avons essaimé au sein du bureau parisien, puis auprès des autres instances.

Comment s'est passée votre première rencontre avec la Fresque ?

La première fois que j'en ai entendu parler, j'ai eu un *a priori* très négatif car son nom évoquait un dessin, alors que pour moi, le climat est un sujet sérieux qui valait mieux que cela. Puis des gens de confiance m'ont proposé de participer à un atelier. Ce fut une révélation. J'ai trouvé l'outil pédagogiquement brillant et particulièrement utile au BCG.

D'abord, parce que les cartes sont entièrement fondées sur des éléments scientifiques totalement traçables dans les différents rapports du Giec ; ensuite, parce que le sujet est totalement apartisan. À l'époque, si le BCG n'était pas un repaire de climatosceptiques, nous restions un cabinet de conseil international qui ne pouvait concevoir tout changement, même le plus simple, qu'à l'intérieur du système dont il faisait partie. Un discours militant, ou portant des enjeux écologiques en potentielle opposition à la croissance économique, n'y avait pas sa place.

J'ai également trouvé très forte la référence à l'**effet Dunning-Kruger**, le biais de surconfiance, selon lequel ceux qui savent peu estiment tout savoir et ceux qui savent beaucoup pensent connaître très peu, et donc se taisent. Je suis moi-même entré dans le jeu en pensant être calé sur le sujet et j'ai finalement énormément appris.

Le dernier point, génial, est l'**intelligence collective** (chapitre 1). Nous apprenons ensemble, grâce aux autres et avec eux. L'atelier devient ainsi un moment agréable et fédérateur, et c'est aussi totalement cohérent avec la manière de travailler en collectif des équipes BCG.

Voilà le génie pédagogique de l'auteur de la Fresque du Climat. Au vu du nombre de thèmes qui sont maintenant traités sur ce modèle, y compris le programme Roads to Net Zero© interne au BCG, cette innovation pédagogique va perdurer.

L'effet Dunning-Kruger, un biais retors

L'effet Dunning-Kruger est un **biais cognitif** par lequel les personnes les moins qualifiées dans un domaine surestiment leurs compétences. Moins elles sont compétentes, plus elles prennent de mauvaises décisions et moins elles sont capables de réaliser leurs erreurs. À l'inverse, les personnes qui maîtrisent davantage un sujet évaluent mieux leurs propres lacunes et ont tendance à se sous-estimer. En somme, les personnes incompétentes se surestiment et sous-estiment les autres, tandis que les plus compétentes ont tendance à se sous-estimer, et donc à surestimer les autres.

Le concept a été exposé pour la première fois en 1999 dans le *Journal of personality and social psychology*[1]. Il a été théorisé par les Américains David Dunning et Justin Kruger, tous deux professeurs de psychologie à l'université de Cornell (État de New York).

À la base de leurs travaux, on trouve un fait divers de 1995 : le braquage de deux banques en plein jour, par un homme à visage découvert et enduit de jus de citron. Le voleur avait pensé que le liquide, à l'instar de l'encre sympathique, rendrait son visage invisible aux caméras de surveillance ! Sans surprise, il s'est fait prendre. Dunning et Kruger ont ensuite conduit plusieurs études pour comprendre pourquoi des personnes incompétentes peuvent être persuadées que leurs mauvaises décisions sont les bonnes.

Cet effet peut être perceptible lors des ateliers de la Fresque du Climat, puisque les participants considèrent souvent qu'ils savent déjà tout. À l'inverse, l'animateur peut les surestimer et penser qu'ils maîtrisent certains phénomènes complexes. La rigueur scientifique des cartes fondées sur les rapports du Giec ainsi que le statut d'animateur aident à lever cette difficulté. Plus généralement, la sensibilisation au changement climatique est souvent sous-estimée par les militants du climat, qui privilégient le passage à l'action. Or, ils ont tendance à oublier que la population, dans sa grande majorité, a besoin de s'approprier le sujet au préalable.

Quels impacts avez-vous constatés au BCG dans la foulée du déploiement à grande échelle de la Fresque du Climat ?

Il y a cinq ans, le BCG était encore peu avancé sur le sujet du climat. Nous prônions la croissance durable mais il n'y avait rien de construit. Le chemin parcouru depuis est extraordinaire. Nous avons décidé de rendre

1. « Unskilled and unaware of it: difficulties of recognizing one's own incompetence lead to inflated self-assessment. »

notre *business* compatible avec les Accords de Paris et donc de nous imposer des contraintes comme le scénario Net Zero de l'Agence internationale de l'énergie[2], les méthodes du type *Science-Based Targets Initiative*[3], ou des trajectoires de la Stratégie nationale bas carbone[4]… Nous nous sommes même imposé une *no-fly zone* (c'est-à-dire des sujets que nous refusions de traiter parce qu'ils étaient contraires à nos valeurs d'entreprise) étendue aux questions climatiques.

Bien sûr le changement prend du temps, même au BCG, et quand je l'ai quitté, il y avait encore quelques tensions internes entre les nouvelles méthodes et les approches historiques centrées sur la création de valeur économique, mais le changement était en marche.

Après le BCG vous avez intégré, en 2022, le Secrétariat général de la planification écologique (SGPE). Dans quelle mesure mobilisez-vous la Fresque du Climat et ses préceptes ?

Le SGPE est directement rattaché au Premier ministre et a pour objectif d'aider à instruire les décisions que le gouvernement doit prendre au sujet de la transition écologique. L'idée est de compléter le travail de chaque ministère par une vision systémique, pour s'assurer de prendre des décisions transposables à grande échelle sur le long terme, qui soient à la fois indépendantes et transversales.

> « Nous sommes en partie prisonniers d'un cercle vicieux.

L'esprit de la Fresque avec cette écologie fondée sur les flux physiques est très proche de la méthode du SGPE. Nous l'appliquons par exemple pour relier les politiques publiques à la réalité en traduisant systématiquement les ambitions en trajectoires chiffrées et physiques sur des consommations d'électricité, des émissions de CO_2, des kilomètres parcourus… Le propos reste technique, objectif et rationnel. Surtout, comme la Fresque, nous sommes totalement

2. Le scénario Net Zero de l'AIE montre la voie à suivre par le secteur énergétique mondial pour atteindre zéro émission nette de CO_2 d'ici à 2050, en cohérence avec la limitation de l'augmentation de la température mondiale à 1,5 °C (source : www.iea.org).
3. La Science-Based Targets Initiative, aussi appelée SBTi ou initiative Science-Based Target (objectifs fondés sur la science), offre aux entreprises un accompagnement pour réduire leurs émissions de gaz à effet de serre conformément aux objectifs de l'Accord de Paris (source : sciencebasedtargets.org).
4. https://www.ecologie.gouv.fr/strategie-nationale-bas-carbone-snbc.

apartisans. Nous ne sommes pas militants car c'est une condition nécessaire de notre crédibilité et de notre survie dans le débat interministériel.

Le fonctionnement et l'inertie de l'État, notamment en ce qui concerne le climat, gênent-ils l'efficacité de votre travail ?

Cela peut arriver. Prenons l'exemple du « bouclage biomasse » : derrière ce concept, il y a la volonté de tracer un plan qui soit cohérent avec les limites physiques du pays, en l'occurrence avec sa capacité de production renouvelable annuelle de biomasse (agricole, forestière, aquatique, etc.). Poser pareille équation n'a pas été simple, car il s'agit de consolider les visions de plusieurs ministères (Industrie, Transport, Agriculture, Écologie, Énergie). Décider ensemble à quels usages donner la priorité fut une gageure supplémentaire – en effet, pourquoi privilégier tel secteur plutôt que tel autre ? Mais le plus difficile est de décider des politiques publiques, qui en démocratie nous permettent de faire respecter les priorités : vous ne pouvez interdire à qui que ce soit d'acheter du bois, du colza ou du biogaz sous prétexte qu'il n'est pas prioritaire !

Comment compter aussi sur les citoyens, sachant qu'ils ne semblent toujours pas prêts à entendre que leur mode de consommation, et donc de vie, doit changer ?

Nous sommes en partie prisonniers d'un cercle vicieux. Les mesures de sobriété étant perçues comme impopulaires, il est difficile de les faire relayer par la sphère politique. Et comme on ne les relaie pas, elles restent impopulaires. Nous pouvons démontrer que le *statu quo* ou certaines trajectoires ne sont pas réalistes, mais ce n'est pas suffisant, et c'est souvent frustrant pour tous – ceux qui les portent et ceux qui les subissent

Il nous faut convoquer un autre imaginaire, démontrer l'intérêt d'un avenir plus sobre et plus désirable, moins pollué, moins bruyant, moins destructeur et moins onéreux.

”

Le rôle du SGPE

Placé sous l'autorité du Premier ministre, le Secrétariat général à la planification écologique (SGPE) est chargé de coordonner l'élaboration des stratégies nationales en matière de climat, d'énergie, de biodiversité et d'économie circulaire. Il veille à la mise en œuvre de ces stratégies par l'ensemble des ministères concernés et à leur déclinaison en plans d'action. Pluridisciplinaire, l'équipe du SGPE regroupe des collaborateurs aux expertises complémentaires : des ingénieurs, des experts des questions environnementales, financières et économiques (source : www.gouvernement.fr).

Roads to Net Zero© du BCG

Compte tenu du succès de la Fresque du Climat au sein du Boston Consulting Group (BCG), mais aussi de la frustration que constituait l'absence de solutions, certains collaborateurs du cabinet de conseil se sont inspirés de l'atelier pour créer leur propre fresque : Roads to Net Zero©. Le principe reste le même : avec 64 cartes, le jeu se déroule en cinq rounds répartis sur trois heures. Ce jeu permet de déterminer les leviers technologiques et comportementaux disponibles pour ramener les émissions de CO_2 à zéro. Son point de départ est celui de la Fresque du Climat, où les différentes activités humaines émettent des gaz à effet de serre (GES). On place les quatre activités humaines (agriculture, industrie, utilisation des bâtiments, transport) aux quatre coins de la table, les émissions de CO_2 au milieu, et on trace des flèches. L'idée est de détailler le lien entre les premières et les secondes. Par exemple, les émissions liées aux transports dépendent du nombre de véhicules en circulation, de leur efficacité énergétique, des kilomètres parcourus… Une fois les émissions décomposées suivant leurs sources, les participants indiquent les **leviers d'action** permettant de les réduire. Ces derniers se divisent en solutions technologiques – remplacer les voitures thermiques par des véhicules électriques, par exemple – et en leviers comportementaux – sobriété, voyages moins lointains, report modal… Cet outil, uniquement destiné aux équipes du BCG, s'utilise après la Fresque du Climat. Il fait désormais partie du programme d'intégration des nouveaux arrivants, mais aussi d'une formule proposée aux clients du cabinet de conseil pour leurs séminaires ou leurs grands projets de transformation.

Allier pédagogie et résistance civile pour **équilibrer mes engagements**

- **Clara Crenn**
- **Née en 360 ppm** (1995)
- **Statut :** fresqueuse professionnelle, consultante climat

Vous êtes consultante et fresqueuse professionnelle, mais aussi engagée au sein de Dernière Rénovation. Qu'est-ce qui vous a poussée à participer aux actions spectaculaires de ce mouvement ?

Dans mon travail de consultante, je dépense beaucoup de temps et d'énergie à sensibiliser les gens grâce à la Fresque du Climat. Je rencontre des publics très différents à tous les niveaux des entreprises et cela me plaît beaucoup. D'une part parce que chacun mérite de comprendre les impacts du changement climatique sur nos vies futures, d'autre part parce que les entreprises se transformeront quand la prise de conscience sera globale et que les salariés pourront exercer une pression. Je suis convaincue que chaque personne pourrait constituer une ressource utile à la transition, d'où la nécessité de déclencher l'envie de passer à l'action. Malgré toutes ces animations, j'ai fini par ressentir colère et frustration car j'avais l'impression que je n'atteignais pas les personnes ayant la plus grande responsabilité dans la situation climatique actuelle.

Je cherchais à aller plus loin dans mon engagement et, grâce à une ancienne collègue, j'ai assisté à une première réunion de Dernière Rénovation qui m'a donné envie de m'engager dans cette campagne. Malgré le rapport de force qu'impliquent les actions de désobéissance civile, ces dernières ont du sens à mes yeux et me permettent de me sentir plus alignée avec mes aspirations.

Quels sont les objectifs poursuivis par Dernière Rénovation ?

Nous demandons au gouvernement d'investir 12 milliards d'euros dans la rénovation thermique des bâtiments. Ce montant a été estimé par les membres de la Convention citoyenne pour le climat (CCC) et fait consensus aussi bien auprès des scientifiques que des professionnels du secteur comme la Fondation Abbé Pierre ou le groupe Saint-Gobain.

Tout a commencé par une lettre adressée à Emmanuel Macron en avril 2022. Ce courrier rappelait que le bâtiment représente 20 % des émissions de CO_2 du pays et que 12 millions de citoyens ne peuvent pas payer leurs factures en hiver. Investir massivement pour financer et organiser ces travaux permettrait de résoudre une partie du problème lié à nos émissions tout en luttant contre la précarité énergétique. Cela constituerait une première victoire assez facilement atteignable, sans bousculer en profondeur nos normes sociales ni générer d'immenses débats politiques.

À quelles actions de Dernière Rénovation avez-vous participé ?

La première a consisté à aller occuper les voies du périphérique parisien en décembre 2022. Nous sommes restés sur la chaussée pendant 30 minutes avant d'être arrêtés et placés en garde à vue pendant 24 heures. Même si j'étais bien préparée et formée à l'action, la réaction des automobilistes n'a pas été facile à gérer, ils ont tenté de nous déplacer de force, nous ont insultés et ont même voulu nous intimider en rapprochant leurs véhicules. Mais je n'ai pas regretté car je savais que l'objectif était de perturber tout ce petit monde pour alerter sur l'état d'urgence climatique. Je n'ai pas encore de réponse de la part de la justice ; l'action se soldera sans doute par un procès en 2024.

« Tout a commencé par une lettre adressée à Emmanuel Macron en avril 2022. »

À la fin février 2023, j'ai participé à une action au Salon de l'agriculture face au président de la République, pour l'inciter à prendre ses responsabilités et agir. Je me suis tenue devant lui sans parler mais avec un tee-shirt sur lequel était écrit « À quoi tu sers ? » La tension est rapidement devenue palpable avant qu'il tourne les talons et parte, agacé. C'était particulièrement satisfaisant, avec un beau retentissement médiatique en prime sans suite judiciaire possible, donc un excellent résultat.

Comment avez-vous évolué au sein de la campagne de Dernière Rénovation ?

Depuis quelques mois je suis « référente soin » de l'équipe locale de Paris : j'apporte du soutien émotionnel aux militants qui se donnent et prennent des risques lors des actions de résistance civile. Ces moments sont stressants avant, pendant et après. Avec l'équipe de soin, nous veillons à réduire les sources d'angoisse, à répondre aux besoins des publics et animons des débriefings émotionnels. Cette mission est essentielle chez Dernière Rénovation car nous sommes conscients de l'impact psychologique que peuvent provoquer nos actions.

Au total, plus de 400 militants ont été mobilisés sur le terrain en prenant le risque de se faire arrêter. Et nous sommes plusieurs centaines à travailler dans l'ombre pour organiser ces moments, suivre les aspects juridiques, la communication en général et avec les médias en particulier, gérer les ressources financières, etc. La campagne est bien structurée et compte de nombreux bénévoles, soit des centaines d'heures de militantisme.

Comment combinez-vous votre militantisme et votre métier de « consultante climat » ?

Outre les animations de Fresques du Climat, je pilote des déploiements de cet outil en entreprise en formant les équipes pour qu'elles se sentent capables et légitimes à parler climat au plus grand nombre. C'est mon emploi « le jour » puis, les soirs et les week-ends, je me consacre à Dernière Rénovation à laquelle je dédie en moyenne dix heures par semaine. Il m'arrive aussi de prendre des jours de congé pour aller sur le terrain.

Tout ce temps est entièrement bénévole. Mon salaire de « consultante climat » me permet de combiner mon activité professionnelle et un militantisme actif. J'ai conscience d'être privilégiée par mes revenus par rapport aux adhérents qui militent à plein temps, dans une situation beaucoup plus précaire. Cet état de fait me permet d'équilibrer mes formes d'engagement parce que je crois d'abord à la complémentarité des tactiques pour déclencher la bascule dont nous avons besoin.

”

Les **limites planétaires** sont quasiment toutes sur la table !

- **Martine Lheureux**
- **Née en 331 ppm** (1976)
- **Statut :** fresqueuse professionnelle, référente Martinique, créatrice d'Excellensys Partners

© Sébastien Trasbot

Vous êtes fresqueuse professionnelle et référente de la Fresque du Climat pour la Martinique. Comment adaptez-vous l'atelier au contexte local ?

Dans mes ateliers grand public, je parle des spécificités de notre île et je demande aux participants ce qu'ils ont déjà vécu du dérèglement climatique. Quand je fresque en entreprise, j'adapte la question au domaine professionnel. Les personnes commencent souvent par les conséquences positives, comme le développement d'un nouveau produit, la RSE, les formations… J'axe ensuite les échanges sur leur modèle économique et je prends l'exemple des puces électroniques avec lesquelles pratiquement toutes ont rencontré des problèmes d'approvisionnement ou de coûts. Je leur montre qu'il s'agit d'un effet de la perturbation du cycle de l'eau, car leur fabrication en nécessite beaucoup, puis je détaille en quoi cette carte est stratégique pour tous, entreprises comme habitants, et à quel point cet élément se manifeste déjà dans leur compte de résultat.

Pour attirer le public « citoyen », j'oriente les discussions sur les bénéfices de la prise de conscience, en échangeant sur l'autosuffisance alimentaire ou sur la nécessité de créer notre propre résilience. Je vise le cœur en utilisant des exemples vécus comme les manguiers partis en fleur trop tôt, les mauvaises récoltes de salades ou de tomates, etc., dus au bouleversement des saisons.

Pour les professionnels, j'invite le groupe à se projeter dans un monde où il fait plus chaud, où les pluies sont plus intenses, les chaleurs plus fortes et longues, l'eau moins disponible. Lorsque les participants constatent et comprennent le problème, ils essaient de développer leurs propres solutions. Cette approche adaptative a davantage d'impact comparée à l'approche atténuative[1] ; elle permet d'arriver plus rapidement à la rupture de modèle. À ce moment-là, les membres de l'atelier se mettent à penser autrement. La Fresque est un outil extrêmement puissant qui me permet d'aller à chaque fois plus loin dans mon animation. Selon les groupes, le jeu permet d'aborder facilement les **limites planétaires** parce qu'elles sont quasiment toutes sur la table.

Quelles sont les spécificités du développement de la Fresque en Martinique ?

En plus des embouteillages très fréquents, qui ôtent du « temps de cerveau disponible » et éreintent les populations, la méfiance envers tout ce qui vient de la métropole, même pour l'environnement, est une difficulté de taille. Parler au monde militant, qui lutte depuis très longtemps sur des sujets anticoloniaux, est pourtant essentiel et, avec la Fresque du Climat, nous sommes parvenus à être acceptés partout, voire soutenus.

> La communauté de la Fresque du Climat est fantastique.

Nous avons ainsi tissé des relations avec de nombreux acteurs locaux, dont un partenariat avec Météo France Martinique[2], qui permet d'obtenir des données complémentaires sur le climat et d'inviter les collaborateurs de cet établissement public à développer des documents de vulgarisation, notamment sur notre île. En relayant les questions du grand public, ils ont eu aussi envie d'être encore plus présents sur le terrain, à nos côtés. Nous nous retrouvons souvent lors des événements auxquels je participe pour proposer la Fresque du Climat comme d'autres ateliers.

1. L'**atténuation** et l'**adaptation** sont deux stratégies complémentaires et interdépendantes pour faire face au changement climatique. Selon le Giec, l'atténuation se définit par « l'intervention humaine pour réduire les sources ou augmenter les puits de gaz à effet de serre ». Elle concerne donc les causes du changement climatique et vise à limiter le réchauffement. Pour l'adaptation, le Giec parle d'« une démarche d'ajustement au climat actuel ou attendu, ainsi qu'à ses conséquences ». Elle s'applique donc aux effets du changement climatique et vise à apprendre à vivre avec.
2. https://meteofrance.mq/fr

Vous avez également organisé la manifestation « DéKLIk MAtinik »...

Lors de cet événement, nous avons parlé du climat en mêlant autosuffisance et artisanat. Pour la seconde édition en mars 2023, nous avons poursuivi notre partenariat avec un écolieu qui cultive des plantes médicinales et nourricières en circuit fermé et en autosuffisance. L'espace conférences était accessible uniquement après être passé par le stand de la Fresque du Climat et celui de Météo France.

Nous avons aussi organisé une conférence sur l'écologie décoloniale. C'est un thème important ici car, dans la quasi-totalité des mouvements écologistes, il n'y a pratiquement que des hommes blancs et métropolitains. En Martinique, la colonisation n'est jamais très loin. On constate encore largement ses effets sur notre organisation. Ainsi, nous ne pouvons pas être résilients car nous fonctionnons avec des monocultures de canne à sucre et de banane à destination de la métropole. Conséquence directe, nous importons la plupart de nos biens de consommation. Nous produisons peu alors que nous en avons la possibilité, notamment pour l'alimentation et la santé. Le climat et l'autonomie sont liés et j'essaie d'amener cette dimension dans mes interventions.

Justement, après avoir intégré la Fresque du Climat dans l'écosystème des acteurs locaux, constatez-vous de la part des pouvoirs publics un soutien et une volonté d'agir ?

J'ai fresqué très peu d'élus même s'ils étaient à chaque fois satisfaits de cette expérience. Je fais le même constat pour l'enseignement. Le **Mandat Climat** et la **Rentrée Climat** ont du mal à décoller en Martinique car notre contexte est différent de celui de la métropole.

La **Rentrée Climat** en 2023 s'est limitée à une cinquantaine de participants sur le campus. L'éloignement et l'échelle réduite du territoire compliquent la logistique, notamment pour les cartes du jeu, que nous faisons livrer par avion de métropole ou fabriquer localement avec un coût élevé. Début 2024, une cité scolaire a souhaité démarrer par ses équipes et nous avons ainsi fresqué 200 adultes – administratifs, encadrants et professeurs – ce qui est prometteur pour la suite !

Pour les responsables politiques, il s'agit davantage d'une question de personnes. Nous arrivons à toucher des élus, mais pas encore les décideurs. Il se passe en moyenne deux ans entre la prise de contact et la réalisation de l'atelier. En 2023, j'ai constaté une accélération ; le travail de fond et l'augmentation des températures débloquent progressivement les choses…

Qu'en est-il des entreprises ? Comment intervenez-vous auprès de ces publics ?

Mon objectif avec la Fresque du Climat n'est pas forcément de changer la stratégie de l'entreprise, car je vise davantage les individus. Certains vont être transformés personnellement avant que leur métier ne le soit. J'ai des retours de chefs d'entreprise qui affirment que la journée passée ensemble les a profondément marqués. J'apprécie aussi de fresquer les opérationnels car on entre rapidement dans le concret. Apprendre du quotidien de ces personnes me procure une formidable énergie !

C'est d'ailleurs un des nombreux bienfaits qu'il y a à animer cet atelier. J'adore ce que je fais au quotidien. Je répartis mon temps entre 80 % de bénévolat et 20 % d'activité professionnelle et, en ayant réduit mes besoins à l'essentiel, j'arrive à vivre de mon travail. Je suis très reconnaissante envers toute l'équipe de l'association ainsi que vis-à-vis de la trentaine d'animateurs martiniquais qui me soutiennent. La communauté de la Fresque du Climat est fantastique. Je le dis souvent : la Fresque m'a rendue heureuse ! Grâce à elle, j'ai rencontré une multitude de personnes et ressenti une bienveillance incroyable dans les échanges, y compris au sein des entreprises les plus émettrices de **GES**. La Fresque m'a apporté une assurance, une crédibilité et un ancrage local, ainsi que l'envie de mobiliser l'ensemble des acteurs territoriaux en donnant un sens commun à nos différentes luttes.

”

Les neuf limites planétaires

Au cours du dernier million d'années, la température sur terre a varié entre + 10° C et + 15° C, occasionnant des périodes glaciaires et interglaciaires. Depuis 10 000 ans, elles se sont stabilisées, ce qui a permis le développement de l'humanité jusqu'au monde que nous connaissons aujourd'hui. Ces conditions d'équilibre sont propices à la vie aussi bien humaine que non humaine, d'où l'enjeu vital de les préserver. Les scientifiques ont cherché à identifier les conditions qui sous-tendent cet équilibre ; ils ont ainsi défini neuf **limites planétaires** qui interagissent.

Certaines de ces conditions vont dans le sens d'un maintien des conditions d'équilibre. On parle alors de **rétroaction négative**. Par exemple, l'augmentation des températures accroît l'évaporation et donc la formation des nuages, ce qui renforce l'**albédo**[3] et réduit les températures. À l'inverse, dans le cas d'une **rétroaction positive**, un processus qui se dérègle entraîne un autre dérèglement, ce qui renforce le premier avec un effet d'entraînement et un risque d'emballement. Par exemple, la fonte des glaciers réduit l'**albédo** et augmente donc la chaleur absorbée par la Terre, ce qui fait encore monter le mercure et accroît la fonte des glaces.

Où en sommes-nous en 2024 ?

Les scientifiques comprennent les variables de huit des neuf limites planétaires. Et début 2024, six d'entre elles avaient déjà dépassé les seuils d'alerte :

- Le **réchauffement climatique**, où le seuil de sécurité de 350 parties par million (ppm) de gaz à effet de serre est largement dépassé avec 417,9 ppm[4] pour le seul CO_2 et 523 ppm pour l'ensemble des **GES**.
- L'**érosion de la biodiversité**, avec la disparition rapide des vertébrés (68 % de vertébrés en moins entre 1976 et 2016), un rythme entre 100 et 1 000 fois supérieur au taux naturel d'extinction[5].
- La **pollution à l'azote et au phosphore**, deux éléments très présents dans les engrais, et qui déséquilibrent les écosystèmes.
- La **pollution chimique**, qui introduit massivement de nouvelles entités que l'environnement n'est pas capable d'assimiler, comme le plastique, les métaux lourds, les perturbateurs endocriniens, les solvants…

---

3. L'albédo est le pouvoir réfléchissant d'une surface. L'effet albédo permet donc de renvoyer une partie de l'énergie solaire reçue vers les hautes couches de l'atmosphère.
4. Source : https://www.citepa.org/fr/2023_11_b01/
5. Source : https://www.vie-publique.fr/eclairage/271780-erosion-de-la-biodiversite-un-constat-alarmant

- La **déforestation**, aussi appelée « changement de l'usage des sols » : quand une forêt disparaît, non seulement ses arbres ne captent plus de CO_2, mais toute sa biodiversité s'écroule et, avec elle, les services qu'elle rend, comme la régulation des eaux de pluie.
- L'**utilisation de l'eau douce**, qui ne représente que 3 % de l'eau disponible sur la planète. Cette limite est considérée comme partiellement franchie, en particulier en ce qui concerne l'eau « verte », c'est-à-dire celle absorbée par les végétaux. Cette eau se distingue de l'eau « bleue », celle des cours d'eau, des lacs, des nappes phréatiques…
- L'**acidification des océans**. Une conséquence directe de l'utilisation des énergies fossiles, puisque les océans deviennent plus acides en absorbant le CO_2 de l'atmosphère. Cela menace toute la vie marine, car les premières espèces en danger, le zooplancton et le phytoplancton, sont le premier maillon de cette chaîne alimentaire.
- Les **aérosols**. Ce sont les particules émises par les énergies fossiles *via*, par exemple, les centrales à charbon ou les véhicules. Elles ont un fort impact sur le climat, mais aussi sur la santé humaine du fait de la pollution de l'air. Cette limite est la seule à ne pas être encore correctement quantifiée au niveau mondial.
- La **couche d'ozone** contribue à protéger la planète des rayons ultraviolets émis par le Soleil. Depuis le Protocole de Montréal en 1987, l'utilisation des gaz responsables de sa destruction a été largement réduite. Cette limite n'est pas dépassée et cet exemple prouve que la situation peut se stabiliser lorsque les efforts nécessaires sont fournis.

Limites planétaires

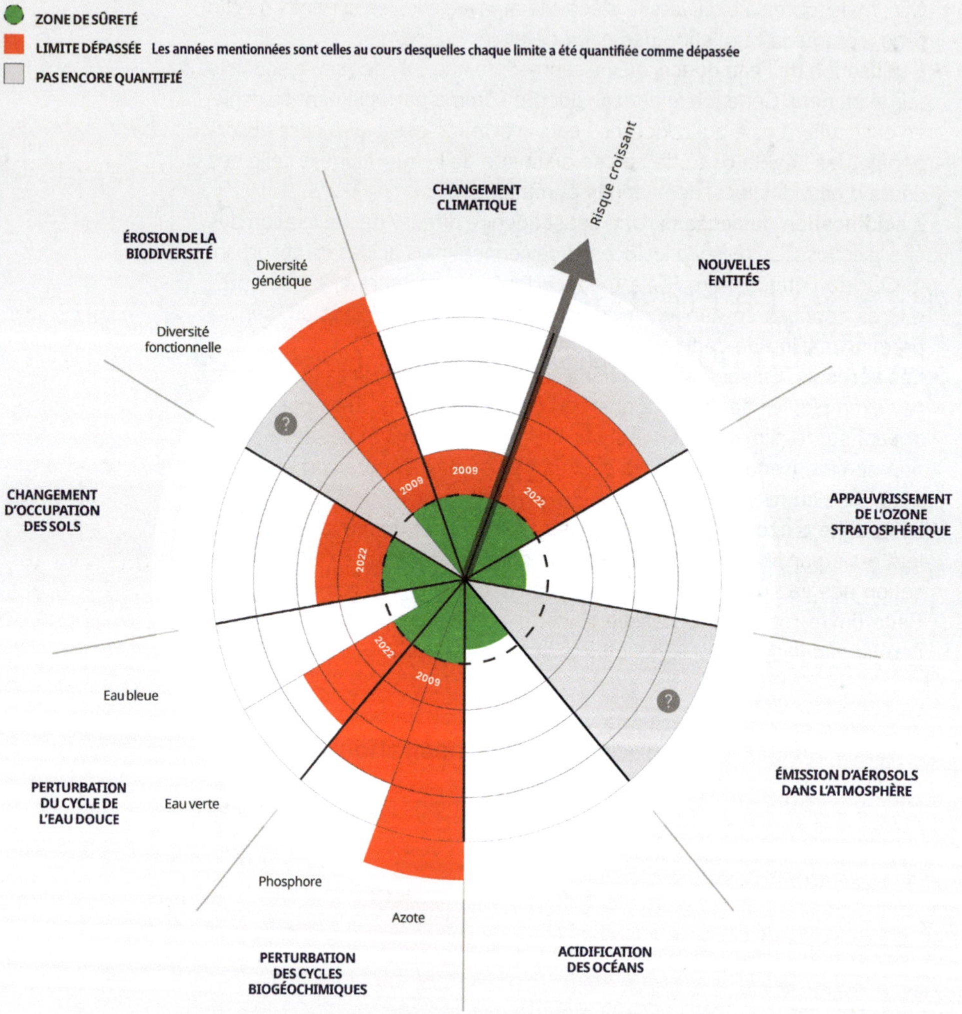

Source : Rapport du Stockholm Resilience Centre, 2023

CHAPITRE #6

La Fresque du Climat, un nouveau paradigme ?

L'approche Swarmwise au cœur du projet de la Fresque du Climat et les piliers culturels de l'association permettent de fédérer le plus grand nombre pour atteindre un objectif qui transcende les individus. La Fresque est devenue un modèle en soi, admiré, dupliqué, critiqué… qui marque – signe des temps – un changement de système de valeurs.

La démarche Swarmwise, une source d'inspiration

En cinq ans seulement, la Fresque du Climat a atteint son premier objectif : sensibiliser et former un million de personnes aux enjeux du réchauffement climatique. Si les fresqueurs y sont parvenus, c'est grâce non seulement à leur engagement mais aussi à une organisation horizontale qui s'inspire directement du Swarmwise, la sagesse de l'essaim (d'abeilles).

En peu de temps et avec un budget de seulement 50 000 euros (contre 6 millions pour l'ensemble de ses compétiteurs), le parti Pirate est devenu la plus importante des formations politiques suédoises, avec un taux de recrutement très performant auprès de la tranche d'âge au soutien très convoité des moins de 30 ans. Lors des élections européennes de 2009, le très jeune mouvement politique a réussi à faire élire deux de ses membres au Parlement européen. Depuis, ils se sont développés dans 70 pays.

Cédric Ringenbach s'est ainsi directement inspiré de l'ouvrage *Swarmwise: the tactical manual to change the world* (2013), de Rick Falkvinge, pour organiser l'association de manière à absorber la croissance exponentielle.

Aux origines du Swarmwise : le parti Pirate, ou la démocratie réinventée ?

Né en 2006 en Suède à l'initiative de l'activiste suédois Rick Falkvinge, le parti Pirate avait à l'origine une revendication principale : le partage libre des contenus culturels en ligne. En 2009, il a connu un premier succès électoral, dans son pays d'origine, avec deux sièges au Parlement européen.

Depuis, son programme s'est étoffé. Le code des Pirates stipule entre autres qu'ils chérissent la liberté, l'indépendance, l'autonomie et qu'ils assument la responsabilité qu'induit la liberté. Côté climat, les Pirates sont environnementalistes et luttent contre la destruction de l'environnement et toute forme de capitalisation des ressources. Ils militent pour la pérennité de la nature et de ce qui la compose et n'acceptent aucun brevet sur le Vivant. La confiance fait également partie des thèmes chers aux Pirates, qui « osent faire confiance aux autres » et croient aux vertus de la collaboration, d'où leur contribution aux **communs**, tout comme aux projets collectifs.

Depuis mars 2018 et leurs nouveaux statuts, les Pirates expérimentent des méthodes de prise de décision horizontale, sans hiérarchie. En mai 2019, leur liste aux élections européennes a obtenu un peu plus de 30 000 votes en France. Aux municipales de 2020, quelques-uns de leurs membres sont entrés dans des conseils municipaux. Avant les élections européennes de 2024, ils comptaient quatre eurodéputés (un Allemand et trois Tchèques) et continuaient à construire un programme politique orienté vers le débat et la décision collective dans plus d'une trentaine de pays et régions autonomes.

Première étape : définir un objectif tangible, crédible, inclusif et épique

Pour susciter l'engouement et mobiliser le plus grand nombre autour d'un projet, il est nécessaire de définir un objectif précis qui réponde à quatre critères :

- **Porter un projet tangible et concret.** La Fresque du Climat, à travers ses cartes, donne à voir et à comprendre, de manière simple et pragmatique, le changement climatique.

- **Être crédible.** L'enjeu du million de participants était ambitieux mais crédible. D'ailleurs, il a été atteint depuis.
- **Être inclusif.** Non seulement la Fresque du Climat s'adresse à tous les publics, qu'ils soient juniors ou exécutifs, mais tout le monde peut rejoindre le mouvement.
- **Être épique.** La Fresque du Climat donne le sentiment de travailler pour un projet plus grand que soi. Tous les **animateurs** sont mus par le sentiment que réaliser une fresque et comprendre les enjeux climatiques peut vraiment changer la donne.

Deuxième étape, mettre en pratique le Swarmwise

Lorsque ces critères sont réunis, la communauté peut s'organiser sur le modèle du Swarmwise et tenter de reproduire la sagesse de l'essaim... à condition de respecter quelques principes de fonctionnement (fig. 6.1) compatibles avec une croissance exponentielle :

- Tout d'abord, la « **doocratie** » (de *to do* qui signifie « faire » en anglais et *-cratie*, « pouvoir » en grec), ou laisser faire ceux qui agissent. Elle consiste à laisser une personne suivre son idée sans lui demander d'agir autrement. Si quelqu'un veut procéder différemment, libre à lui de développer sa propre méthode.
- Cette « doocratie » s'accompagne impérativement du « **droit à l'erreur** ». Les équipes de l'association considèrent que toutes les actions menées aujourd'hui ne sont autres que le brouillon de ce qui sera produit demain. Les erreurs ne sont jamais que des étapes sur le chemin de l'amélioration. Le droit à l'erreur ne peut exister que dans un environnement où la prise de risque est valorisée et non sanctionnée.
- Pour éviter le retard dans la prise de décision, il faut accepter que tous les choix ne puissent relever d'une seule personne ou d'un petit groupe. Afin d'organiser la prise de décision, la **règle de trois** trouve à s'appliquer : trois personnes qui s'autoproclament légitimes peuvent prendre des décisions qui engagent la communauté. Ainsi, lorsque quelqu'un veut lancer un projet, il doit au préalable trouver deux autres personnes qui considèrent que son idée est bonne, qui se sentent légitimes pour la défendre et, *in fine*, prendre et assumer la décision. Concrètement, si une idée est retoquée dès la première consultation, le processus prend fin. Si cette règle est très contraignante, elle n'en est pas pour autant mauvaise ou non constructive.

Elle implique de réfléchir à une alternative et de s'adapter. Les décisions selon la règle de trois ne se prennent pas au hasard ni au détour d'une conversation ou entre deux portes. Chacun doit être conscient d'agir sous l'égide de cette loi. Le processus de prise de décision n'en est que plus robuste, à l'épreuve du temps.

Figure 6.1. La gouvernance de la Fresque du Climat

LA MÉTHODE SWARMWISE *(Sagesse de l'essaim)*

La gouvernance et la décentralisation organisationnelle de la Fresque est inspirée de la méthodologie Swarmwise.

LA DOOCRATIE

Les membres de l'association sont invités à prendre des initiatives et sont tous légitimes à le faire. Ceux et celles qui font décident, et réciproquement. Chacun est prié de respecter les autres initiatives. Cela favorise également l'inclusion et la diversité.

LA RÈGLE DE 3

Le principe de la règle de trois permet lorsque trois membres de l'association sont d'accord sur le fait qu'une initiative est bonne, de prendre la décision de la lancer, y compris quand cela engage l'association.

LE DROIT À L'ERREUR

On accepte qu'on fera des erreurs, et plus encore, on considère que faire des erreurs est un bon moyen de progresser, selon le principe « *try and fail* » ou « essai-erreur ». Mandela disait : « Je ne perds jamais : parfois je gagne, sinon j'apprends. »

LA TRANSPARENCE

C'est un principe fondamental pour assurer un fonctionnement sain, équitable et durable de l'association, la transparence guide le choix des outils de l'association.

LA DUPLICATION

Une conséquence des règles précédentes est qu'on peut être amené à faire les choses en doublon. Cela peut sembler sous-optimal, mais c'est assumé, c'est un principe d'organisation agile. La nature fonctionne comme ça… On perd peut-être du temps mais on en gagne autant, voire plus en débats évités.

Source : https://fresqueduclimat.org

- L'ensemble de ces règles ne vaut que si les conditions de **transparence** sont réunies : on ne fait pas n'importe quoi quand les choses se voient. La **transparence** assure un autocontrôle par les pairs, toujours dans la logique Swarmwise et **du droit à l'erreur**.
- Enfin, il est nécessaire d'accepter la **duplication** : une initiative peut être prise deux fois à des endroits et par des personnes différentes. La redondance n'a pas d'importance et, *in fine*, la meilleure solution l'emportera.

La Fresque du Climat est donc fondée sur les principes du **Swarmwise**. Ce modèle a directement contribué à la croissance exponentielle de l'outil, mais aussi à la solidité du fonctionnement de l'association et à l'ancrage de ses valeurs. En étant coacteur du projet, chaque intervenant a conscience de contribuer au tout.

Un nouveau mode de collaboration et de cocréation

Au sein de l'association, le **Swarmwise** encourage l'esprit d'initiative et cultive le droit à l'erreur. Concrètement, cela a permis à plusieurs expatriés d'emporter la Fresque du Climat dans leurs bagages et de développer l'atelier dans leur pays d'adoption.

Un prolongement naturel à l'international

Les premières étapes de déploiement hors de l'Hexagone ont débuté sans stratégie spécifique. Cette liberté a fait rapidement émerger l'atelier dans différents points du globe de façon quasiment concomitante et grâce à la seule énergie des fresqueurs présents et motivés, sans investissement initial.

C'est la même logique qui a présidé à l'entrée de la Fresque du Climat dans les entreprises (chapitre 3). S'il y a eu une volonté claire de cibler spécifiquement ce public, les animateurs pionniers se sont sentis libres d'animer des ateliers au sein de leurs entités respectives. Ils ont également su créer un terreau fertile au déploiement et convaincre leur hiérarchie du bien-fondé et de l'intérêt de l'outil. Toutes ces initiatives ont largement contribué à accélérer l'exponentielle.

Les communautés locales : un maillage serré, des actions ciblées

Liberté d'entreprendre et esprit d'initiative se retrouvent également dans les territoires. En effet, qu'ils soient adhérents ou non à l'association, tous les fresqueurs débutants passent par leur **référent** local pour trouver des animations dans leur secteur.

Concrètement, ces communautés s'organisent autour d'un ou plusieurs référents, nommés par l'association. Ils sont chargés de l'animation du réseau à leur échelle. Leur mission consiste à organiser, chaque mois, des visioconférences où tous les fresqueurs peuvent se rencontrer. Ces rendez-vous formels sont aussi l'occasion de partager les actualités de l'association et d'approfondir une thématique donnée, par exemple : « Gérer la phase de **débrief** », « Aborder les émotions des participants » ou encore « Communiquer localement sur la Fresque ».

Les référents locaux relaient les demandes d'animation – souvent bénévoles – en provenance d'association ou de collectivités territoriales. Les opportunités de déploiement de la Fresque sont ainsi partagées avec le réseau dont les membres se mobilisent : organisation d'ateliers, demande de renforts… Le maillage local serré permet de quadriller le territoire. Ces communautés d'animateurs à l'ancrage territorial fort sont aussi une porte d'entrée vers les mairies ainsi que les conseils départementaux et régionaux pour leur faire découvrir l'outil et fresquer leurs équipes. Chaque fresqueur dispose également de ses propres contacts et puise dans son carnet d'adresses pour organiser des ateliers. Ces réseaux fonctionnent donc en vases communicants et vertueux, sous l'impulsion des référents locaux.

En fonction des villes et des régions, ces communautés comptent de quelques dizaines à plusieurs centaines de membres. Dans le Val-de-Marne, qui totalise quelque 500 fresqueurs, seuls 200 sont en contact permanent et, parmi eux, un noyau dur d'environ 40 personnes anime les échanges. Pour maintenir le lien, des événements conviviaux et festifs sont organisés une à trois fois par an. Il s'agit de se rencontrer pour un pique-nique, à l'occasion d'une conférence, ou de participer à d'autres ateliers (**fresques amies**) afin d'approfondir ensemble ses connaissances. Ces rendez-vous sont aussi l'occasion pour les fresqueurs d'appliquer les valeurs prônées par l'association (réduction de la consommation de viande, de l'utilisation de la voiture, partage de ressources…), et apportent un soutien émotionnel salutaire dans les phases d'écoanxiété.

Le fonctionnement décentralisé du réseau fait progresser les fresqueurs dans leur parcours d'animation. Au-delà des formations et des échanges de ressources et de bonnes pratiques, les communautés servent aussi à valider auprès d'animateurs expérimentés un changement de ceinture ou une évolution au sein de l'association. Les référents locaux peuvent également inciter les nouvelles recrues à progresser. L'entraide joue alors beaucoup, puisque cette montée en compétence nécessite d'organiser des ateliers et de mobiliser le temps de plusieurs animateurs expérimentés.

Dessine-moi la Fresque du futur

La Fresque du Climat poursuit son expansion internationale en ne sacrifiant rien aux valeurs qui ont fait son succès en France (fig. 6.2).

Figure 6.2. Le positionnement de la Fresque du Climat

Source : https://fresqueduclimat.org

Pour lutter contre les facteurs qui limitent le développement de la Fresque (chapitre 5) et renouer avec son rythme de croisière, plusieurs pistes sont actuellement étudiées.

Atteindre un nouvel objectif ambitieux

Au début de l'année 2023, le cap du million de fresqués a été franchi. Lors de la célébration de l'événement, Cédric Ringenbach a annoncé un nouvel objectif : le million reste le mètre étalon mais, cette fois-ci, il s'applique aux fresqueurs. Grâce au développement international, ce nouveau défi pourrait être relevé dès 2026.

Pour l'année 2024, deux objectifs se dessinent : le développement à l'international, à l'œuvre depuis plusieurs années, et l'élargissement du rôle des fresqueurs avec pour objectif de renforcer leur impact sociétal.

Les **animateurs**, en plus de sensibiliser grâce à l'atelier, agiront donc plus fortement en rayonnant auprès de leur entourage ou de leur sphère professionnelle. Ils vont ainsi contribuer au développement de communautés, augmenter leur impact en tant que citoyens dans les champs politique et économique, et cela bien au-delà du seul changement climatique.

Souvent réclamés par les fresqueuses et les fresqueurs, plusieurs axes de développement sont donc à l'étude pour atteindre ces deux objectifs et, plus largement, pour maintenir et améliorer l'expérience Fresque.

Ne jamais transiger sur la qualité

Un des premiers souhaits de la communauté concerne la qualité d'animation. Le **parcours du fresqueur** a vocation à être amélioré pour assurer une meilleure formation des **animateurs**, et donc un atelier à qualité constante, conforme aux attentes quel que soit le public ou le contexte.

Semer des graines ici et là pour une moisson commune

La Fresque du Climat est devenue une communauté internationale qui encourage les citoyens à s'engager. La suite logique : continuer à essaimer pour qu'un maximum de personnes intègrent le parcours d'animation. Plus elles seront conscientes des enjeux, plus ces personnes seront actives. Le but est donc de favoriser la coopération et les échanges de bonnes pratiques entre fresqueurs afin de construire une communauté solide et solidaire, dont les membres conserveront le plaisir de s'engager à long terme.

Bâtir un écosystème de croissance vertueuse

Des partenariats avec des fresques ou ateliers amis sont également envisagés. Leur forme n'est pas encore définie mais plusieurs expérimentations sont en cours comme la vente des cartes de la Fresque du Numérique dans la boutique en ligne de la Fresque du Climat. Des événements communs ont également été organisés à plusieurs reprises et vont sans nul doute se développer à l'avenir.

Compte tenu de l'urgence climatique, l'expérience prioritaire – mais aussi transformatrice pour le public – reste celle de la Fresque du Climat et les énergies vont donc rester concentrées sur l'atelier. Notons que, si le cas de figure de partenariats avec des associations amies n'était pas prévu au démarrage du projet, les **référents** internationaux appellent désormais de leurs vœux de tels rapprochements lorsqu'ils mettent en place leur propre structure nationale.

S'appuyer sur le laboratoire français pour construire une stratégie mondiale

Malgré l'immense chemin parcouru, le nombre de personnes à sensibiliser reste conséquent. L'un des défis pour les années à venir sera donc d'élargir encore et plus rapidement le public afin de tirer tout son potentiel de l'outil Fresque. Si à l'international les pays n'en sont qu'au début de leur croissance exponentielle, en France, l'activité se trouve désormais confrontée à la difficulté de rallier des publics moins motivés, les plus enthousiastes ayant déjà été fresqués. Cette situation, pour le moment spécifiquement française, devrait à terme se manifester ailleurs. Cibler et intéresser ces nouvelles personnes tout en consolidant la communauté acquise est donc un objectif de taille.

En matière de développement international, pour faciliter et accélérer la mise en place des structures nationales, différentes formes de soutien sont étudiées. Celles-ci permettront d'optimiser la phase de démarrage, pour un passage accéléré à l'échelle.

La Fresque du Climat : raison d'être, principes fondateurs et principes d'action

La raison d'être de la Fresque du Climat consiste à « accélérer la compréhension des enjeux climatiques au niveau mondial pour contribuer à déclencher, au plus tôt, les bascules nécessaires à la préservation du vivant ». L'association repose sur les quatre principes fondateurs que sont le respect de la science, l'humanisme, l'urgence climatique et la transparence.

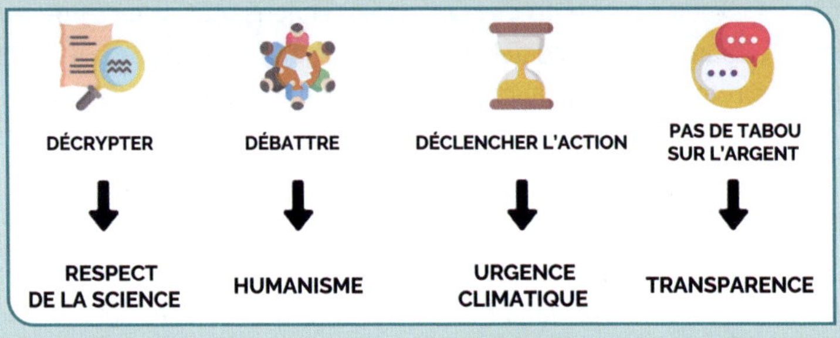

Source : https://fresqueduclimat.org

La Fresque du Climat contribue à la prise de conscience généralisée nécessaire à la lutte contre le changement climatique. Pour entretenir l'état d'esprit qui a fait sa renommée, l'association a identifié trois principes d'action qui s'articulent autour de deux valeurs fondamentales, le pouvoir d'agir que chacun porte en soi et la puissance du collectif :

- **Fresquer, fresquer, fresquer.** Faire rayonner cet outil, se l'approprier et prendre des initiatives sur le principe de la « **doocratie** ».
- **Jouer en équipe.** Apprendre, s'entraider, célébrer ensemble et prendre soin les uns des autres.
- **Voir grand et rester humble.** Ce n'est que le début. L'association ne suffira pas à sauver le climat mais elle crée la motivation et pose les termes du débat qui permettront de dégager des solutions.

La **démarche systémique** fait toute la différence dans la lutte contre l'inertie

- **Albert Moukheiber**
- **Né en 341 ppm** (1982)
- **Statut :** docteur en neurosciences, psychologue clinicien, enseignant à l'université de Paris 8 Vincennes-Saint-Denis

Quels sont les biais cognitifs qui peuvent freiner la lutte contre le changement climatique ?

Un des premiers biais cognitifs est de se dire que, comme les conséquences de ce que l'on fait sont invisibles, il ne sert à rien d'agir. On trouve aussi le raisonnement motivé qui est le pendant du biais de confirmation. Par exemple, si j'adore la viande rouge, je vais trouver des justifications pour affirmer que ce n'est pas mon entrecôte qui a le plus fort impact climatique.

Outre les biais, des états psychologiques son également à l'œuvre. Ainsi, certaines formes de déculpabilisation ne font qu'empirer les choses : j'accumule les petits écogestes et je me dis que j'agis pour le climat, puis je m'autorise à prendre un billet d'avion pour le Pérou. Ou bien encore la paralysie du choix : quand on ne sait pas par où commencer ou que l'on craint de faire de mauvais choix, on finit par ne rien faire. Citons également l'impuissance acquise, qui n'est autre que le fait de se sentir impuissant – et donc ne savoir que faire. S'ajoutent aussi tous les biais sociaux, par exemple la diffusion de la responsabilité : pourquoi devrais-je être le premier à me lancer alors que les autres ont des comportements beaucoup plus délétères ? Qu'ils commencent et je suivrai !

Les biais sont-ils forcément fallacieux ? Certains peuvent-ils être légitimes ?

Certains raisonnements sont tout à fait légitimes. Par exemple, pourquoi les individus devraient-ils porter la responsabilité du changement climatique alors que les entreprises ne font rien ? De même, de nombreuses études mettent en évidence le fait que l'empreinte carbone augmente avec la classe sociale mais aucune loi ne vient compenser cet état de fait. Les pouvoirs publics nous exhortent à faire des efforts sans agir au niveau systémique, ce qui est problématique. On retrouve cette incohérence systémique quand, lors de ses vœux aux Français pour 2023, le président de la République a dit : « Qui aurait pu prédire la crise climatique ? » Cette phrase est incohérente avec les incitations d'un État qui demande aux citoyens d'agir individuellement, alors que c'est à lui de se mobiliser et d'incarner l'exemple ! Ces injonctions sont paradoxales car l'État exige des personnes dont l'impact est le plus faible qu'elles fournissent des efforts, sans rien requérir des populations qui, par leur mode de vie, émettent le plus de gaz à effet de serre.

Dans les freins à l'action, on retrouve aussi le discours des industriels qui veulent vendre leurs produits à tout prix…

On sait que certains industriels mentent depuis les années 1970. Ils ne veulent pas juste maximiser leur profit. Avec ce qu'ils savent, ils induisent sciemment les consommateurs en erreur. Il me semble important que la Fresque ajoute cette dimension politique. Il faut expliquer que des lobbies œuvrent contre le bien commun, aidés, de plus, par les États dans leurs mensonges. Par exemple, quand il est prouvé qu'un constructeur automobile a falsifié ses mesures d'émissions de carbone, il écope certes d'une amende mais dont le montant reste dérisoire par rapport à son chiffre d'affaires.

Nous devons comprendre et garder à l'esprit que tant que nous nous focalisons sur les efforts individuels, non seulement nous perdons du temps, mais nous en donnons aux principaux pollueurs qui continuent à émettre en toute impunité. Ils savent très bien que leurs activités sont néfastes et incompatibles avec une planète habitable, mais ils persistent à vouloir en tirer le plus de profit possible.

Quelles solutions préconisez-vous pour mobiliser les foules ?

Pour mettre en action l'ensemble du pays, la priorité est de s'occuper de ces incohérences. Il est impossible de persuader 70 millions de personnes de changer leur comportement sans mettre en œuvre une approche systémique.

Par le passé, l'État a su utiliser les lois à bon escient ; les institutions n'ont pas dit aux citoyens : « Faites un effort, ne conduisez pas sous l'emprise de l'alcool. » Elles ont montré que ce comportement représentait un danger pour la collectivité et expliqué comment il serait puni. La démarche systémique fait toute la différence dans la lutte contre l'inertie climatique.

> Paradoxalement, l'État exige le plus d'efforts des personnes au plus faible impact.

Les animateurs de la Fresque du Climat devraient-ils être sensibilisés à certains biais pour mieux les combattre en atelier ?

L'une des plus grandes erreurs concernant le climat est de croire qu'il suffit d'être informé pour agir et passer à l'action. Or, le travail pédagogique et informationnel ne suffit pas, comme l'attestent les nombreux exemples dont nous disposons. Chacun sait que fumer tue, mais il y a encore des fumeurs et ils ne sont pas tous suicidaires pour autant. Nous sommes des êtres sociaux incarnés dans un contexte social, donc pour arrêter de fumer, il faut des conditions facilitatrices comme être entouré de non-fumeurs. De même, il est souvent difficile de se mettre seul au sport, d'où l'idée de chercher des personnes avec lesquelles pratiquer.

Quelle attitude adopter face à un participant au biais de confirmation très marqué ?

La réaction varie selon le contexte. Si la scène se passe devant les autres participants, donner des arguments va permettre de sensibiliser toutes les personnes présentes. Si le débat se déroule à huis clos, mieux vaut accepter qu'il est impossible de convaincre tout le monde et réserver son énergie aux personnes sur lesquelles elle aura potentiellement de l'impact.

Ce point est d'autant plus important que de nouvelles formes de **climato-scepticisme** émergent. Si ceux qui affirment que le changement climatique n'existe pas deviennent rares, les propos justifiant l'inaction sont de plus en plus pernicieux : la nouvelle génération de climatosceptiques affirme ainsi que le changement climatique existe tout en niant une quelconque responsabilité humaine.

D'autres comptent sur la technique pour nous sauver. Ces techno-solutionnistes[1] acceptent les rapports du Giec mais s'insurgent contre la **sobriété**. Ils ne veulent pas changer leurs modes de vie et s'en remettent au génie humain. On est loin du **climatoscepticisme** de base puisque ces profils sont complètement différents : ni complotistes ni adeptes des *fake news*, ces personnes pratiquent le positivisme et imaginent que la science, entendue au sens de progrès, peut tout.

Cette nouvelle forme de climatoscepticisme défend une forme d'inertie qui entrave l'action. À mesure que les technosolutionnistes occupent l'espace public et médiatique, le discours doit contrecarrer cette tendance. Si une nouvelle version de la Fresque voyait le jour, cette inertie renouvelée devrait être ciblée en priorité.

»

Des biais cognitifs, tout le monde en a !

Un **biais cognitif** est un mécanisme de réflexion qui dévie de la pensée logique ou rationnelle. Autrement dit, c'est une façon rapide et intuitive de porter des jugements ou de prendre des décisions sans tenir compte d'un raisonnement analytique. Le cerveau emprunte un raccourci pour traiter une information en quelques minutes ou secondes. Cette partialité cognitive est influencée par les préjugés, les émotions, les habitudes mentales ainsi que des limitations perceptuelles et attentionnelles. Si ce mécanisme peut parfois être utile, il est aussi directement responsable d'erreurs d'interprétation et de jugements irrationnels. Il mène à des décisions tout aussi erronées.

À l'époque de nos ancêtres des cavernes, le processus décisionnel devait être très rapide : il fallait se défendre immédiatement face aux prédateurs. Le cerveau humain s'est formé sur ce besoin primitif et a créé des raccourcis cognitifs pour trancher vite, d'où un mécanisme de prise de décision inconscient et automatique. Le but est toujours d'optimiser notre fonctionnement, notre énergie et de réduire la complexité des situations. Cependant, l'individu raisonne et agit avec une rationalité limitée.

1. Le **technosolutionnisme** consiste à penser que la technologie peut résoudre des problèmes qui ont été générés par cette même technologie.

Ce raccourci lié à la psychologie cognitive s'applique d'autant plus au monde actuel que les individus sont, chaque jour, confrontés à une énorme quantité d'informations et de données à traiter. À l'origine, il s'agissait d'un mécanisme de survie. La prise de décision hâtive liée à un **biais cognitif** n'est, de toute évidence et depuis longtemps, plus le meilleur mode de raisonnement. Le développement de la pensée critique et des compétences en résolution de problèmes complexes permet de résister à la tentation d'un arbitrage à l'emporte-pièce.

Le biais de confirmation

Le biais de confirmation d'hypothèses, plus souvent raccourci en « biais de confirmation », consiste à privilégier les retours qui valident ses idées préconçues et à accorder moins de poids aux alternatives et informations jouant en défaveur de ces mêmes idées préconçues. La personne concernée se montre ainsi réticente à changer d'avis. Ce biais se manifeste chez des individus qui rassemblent des éléments ou ne se rappellent les informations mémorisées que de manière sélective. Il ne dépend pas de l'intelligence et affecte des jugements *a priori* objectifs.

Il apparaît aussi autour de questions affectives ou concernant des opinions ou croyances établies. Par exemple, pour s'informer à propos d'un sujet controversé, une personne pourra préférer lire des sources qui confirment son point de vue. Elle aura aussi tendance à interpréter des preuves équivoques pour appuyer sa position actuelle.

Dans le cadre du changement climatique, ce biais conforte les climatosceptiques dans leurs erreurs en ne leur faisant retenir que les informations, même peu nombreuses, pouvant être interprétées comme contredisant le dérèglement climatique. Par exemple : « Il n'y a pas de réchauffement climatique, la preuve, il neige au printemps. »

Le biais de raisonnement motivé

Le raisonnement motivé se matérialise par un attachement à certaines hypothèses que la personne n'a pas envie de remettre en cause, soit parce qu'elles sont au cœur de l'intérêt ou de l'excitation liés à un projet, une mission, soit parce qu'elle a tellement travaillé dessus qu'elle n'a pas envie d'abandonner son idée. Ce dernier trait est appelé, en sciences cognitives, la *Sunk Cost Fallacy*, c'est-à-dire littéralement le « piège des coûts irrécupérables ».

Le biais de *Sunk Cost Fallacy* est au cœur des freins psychologiques de l'usager bloqué dans le métro qui n'arrive pas à envisager d'alternative. On le retrouve également chez les entrepreneurs qui éprouvent des difficultés à accepter d'abandonner certaines intuitions et persévèrent parfois dans une direction quand tout indique qu'elle n'est pas la bonne.

Dans le cadre du changement climatique, le raisonnement motivé pousse un individu à se persuader que son comportement n'a pas d'impact négatif, ou a seulement un impact marginal, et qu'il peut donc continuer à agir comme il le fait.

Le biais d'impuissance acquise

On sait aujourd'hui que les filles réussissent moins bien en sciences que les garçons parce qu'elles pensent souvent être moins douées. Dans une expérience, un exercice de mathématiques a été donné à un groupe mixte et les garçons l'ont mieux réussi. On a ensuite soumis exactement le même exercice à cette même classe d'âge avec un niveau similaire simplement en leur précisant que « cet exercice a été développé pour les filles ». Cette fois-ci, les filles et les garçons ont obtenu des performances identiques. Pourquoi ? Parce que le biais d'impuissance acquise a été corrigé.

L'impuissance acquise ou apprise est un processus de résignation qui se produit lorsqu'un être humain est exposé, de manière répétée, à un *stimulus* perçu comme négatif et auquel il ne peut échapper. Même lorsqu'il existe des moyens évidents de sortir d'une telle situation, cette impuissance acquise peut néanmoins pousser la personne à ne pas agir.

Dans le cadre du changement climatique, ce biais renforce la pensée selon laquelle, face à l'immensité du sujet, nos propres actions sont inutiles.

Source : d'après Albert Moukheiber in *Objectif : Mars*, de Bruno Martinaud et Alain Bloch, Pearson, 2022.

Changer les **citoyens** pour changer la **société**

© Nicolas Froissard

- **Nicolas Froissard**
- **Né en 331 ppm** (1975)
- **Statut :** directeur général de la Fresque du Climat, ex-codirigeant du groupe SOS

Vous êtes directeur général de la Fresque du Climat depuis août 2023. Quel regard portez-vous sur le jeu et sa communauté ?

J'ai rejoint la Fresque du Climat car j'avais envie de travailler pour une initiative qui transforme la société. Pour parvenir à un tel résultat, il faut trouver un moyen de changer les citoyens, en particulier leur façon de penser et d'agir. Si le sujet du climat, et plus largement de l'environnement, peut être clivant, ce n'est pas le cas avec la Fresque. Grâce aux constats scientifiques, à l'intelligence collective et au côté ludique, les participants passent un bon moment et quittent l'atelier avec l'envie d'agir dans leur quotidien.

Par ailleurs, la culture de l'association encourage l'esprit d'initiative et les fresqueuses et les fresqueurs s'y reconnaissent. Ils tentent, testent, vont là où on ne les attend pas. Cette dynamique explique d'ailleurs le développement en France et à l'international. On a vu la Fresque émerger un peu partout dans le monde, auprès des particuliers ou des entreprises, sans avoir eu besoin de mettre en place une stratégie délibérée. La Fresque du Climat est une communauté de gens d'univers très différents mais qui se sont accordés sur ce mode de prise d'initiative qui a fortement accéléré son développement.

Vous parlez ici des principes de la Fresque du Climat, la « doocratie », le Swarmwise, la règle de trois, le droit à l'erreur... D'où émanent les propositions formulées ? du sommet ou de la base ?

Grâce à ces principes, les initiatives viennent de partout : de la communauté, de l'équipe de permanents, du conseil d'administration ou des assemblées générales. L'association peut orienter ou accompagner les communautés locales mais ce sont elles qui agissent le plus, par exemple en participant à un événement, en rencontrant les élus locaux ou en tissant des relations avec d'autres associations. Les stratégies de développement à l'échelle d'une ville, d'une région ou d'un pays peuvent être discutées avec l'association mais les communautés locales bénéficient d'une large marge de manœuvre avec parfois des décisions engageantes. Notre volonté est d'ailleurs de maintenir et de réaffirmer ces principes pour qu'ils soient présents partout, en France comme dans le monde.

Quels sont vos objectifs pour la suite ?

Nous en avons beaucoup mais le plus emblématique est d'atteindre le million de fresqueurs. Avec le développement à l'international, cela peut aller très vite. Un autre est que la majorité des fresqueurs et des fresqueuses adhèrent à l'association, ce qui n'est pas toujours le cas. De même nous voulons continuer à multiplier le nombre de fresqués et à les intégrer dans cette aventure, les encourager, les accompagner, les former et les faire participer aux grandes décisions de l'association. Avec l'augmentation des adhérents, nous devrons rester exemplaires et vigilants quant au maintien et à la vivacité de notre vie démocratique. Nous voulons également encourager et renforcer les initiatives locales et même intégrer leurs acteurs aux décisions globales.

Entendez-vous développer les relations avec les autres membres de votre écosystème ?

Nous expérimentons des partenariats avec les fresques et ateliers amis. C'est encore un peu tôt pour en tirer des conclusions mais, comme la Fresque du Climat est dotée de nombreux savoir-faire et outils, il semble pertinent de les partager avec les autres fresques. Nous nous inscrivons dans une démarche de mutualisation, d'entraide et d'ouverture. Un bon exemple est l'événement « 1001 fresques » qui s'est tenu à Lyon en novembre 2023. Durant toute une journée, plus de 800 personnes ont participé à des ateliers sur la transition écologique : Fresque du Numérique, Fresque de la Biodiversité,

Atelier 2tonnes, etc. Cet événement a certes été beaucoup porté par notre communauté, mais la Fresque du Climat n'aurait jamais pu l'organiser seule. C'est une belle illustration de ce que nous pouvons réaliser ensemble.

Quelles actions prévoyez-vous pour cibler les entreprises ?

Nous allons mieux les accompagner pour nous assurer que le déploiement est correctement réalisé. Cela passera notamment par un coaching des formateurs et les animateurs internes. Ainsi, la Fresque restera un excellent outil de cohésion et d'émulation. Notre priorité demeure d'améliorer la qualité des ateliers. Le parcours du fresqueur va évoluer sans être révolutionné pour autant. La volonté d'essaimer partout et très rapidement a été efficace. La viralité de la Fresque n'est plus à démontrer mais le déploiement s'effectue parfois avec des niveaux hétérogènes de qualité. L'objectif est de trouver l'équilibre entre une diffusion massive de l'atelier et le respect de critères de qualité stricts.

Sans tomber dans le contrôle absolu, l'équipe permanente, la gouvernance et l'ensemble de la communauté appellent de leurs vœux un accompagnement en bonne et due forme des fresqueurs et fresqueuses. L'atelier doit être réalisé pour atteindre l'ensemble de ses objectifs. Ce point est important, aussi bien pour les fresqueurs professionnels que pour les bénévoles. Il faut que l'animation soit réellement engageante, auprès de tous les publics, pour que la promesse soit tenue.

Concernant le développement interne de l'association, que prévoyez-vous ?

Si la Fresque du Climat est une association, son fonctionnement relève davantage de celui d'une entreprise. On peut dire que nous sommes une entreprise associative. À la fin 2023, nous étions plus de 50 salariés et nous poursuivons notre développement.

> La France restera le laboratoire des avancées de la Fresque.

Toute l'équipe souhaite fonctionner comme une entreprise innovante, idéale pour ses salariés, ou au moins exemplaire sur les aspects environnementaux et sociaux afin d'aligner nos valeurs avec nos actions et notre travail au quotidien. Nous envisageons ainsi d'affecter des jours de congés supplémentaires à un salarié qui part découvrir d'autres cultures tout en limitant ses émissions de **GES**. Nous allons appliquer la transparence des salaires. Les membres de l'équipe attachent également une grande importance à l'égalité femmes-hommes. Tous les permanents masculins de la Fresque du Climat ont suivi une formation spécifique sur ce sujet et nous menons d'autres réflexions (congé menstruel, par exemple).

La mise en place de toutes ces mesures reste simple car nous sommes toutes et tous alignés et la situation économique de l'association est bonne. Toutefois, nous ne disposons pas d'un grand recul sur notre modèle économique. Les projections de croissance à moyen et long terme sont complexes.

Comment envisagez-vous le développement en France et à l'international ?

Comme le rappelle souvent Cédric Ringenbach, l'objectif collectif est de pousser la Fresque au maximum de son potentiel. Cela est valable partout dans le monde mais, aujourd'hui, l'enjeu concerne avant tout l'Hexagone. Depuis quelque temps, les publics évoluent. Les entreprises et les particuliers sensibles aux enjeux du climat et de l'environnement ont déjà participé à un atelier. Nous devons maintenant nous réinventer pour toucher les autres, celles et ceux qui sont moins enclins à dédier trois heures de leur temps aux enjeux du climat. Ce défi est passionnant tant la maturité française sur le sujet nous place à l'avant-garde. C'est d'autant plus intéressant que nous savons que nous serons confrontés à ce même palier dans les autres pays. Nous rencontrons à travers le monde des niveaux de développement différents, mais la France restera le laboratoire des avancées de la Fresque. Ces expériences inspirent également les autres pays, avec des nuances en fonction des cultures locales, et contribuent au développement d'une Fresque du Climat que nous envisageons à l'échelle mondiale.

”

Une formation pour devenir les **pionniers du monde d'après**

- **Benoît Rolland de Ravel**
- **Né en 355 ppm** (1991)
- **Statut :** instructeur et formateur à la Fresque du Climat, coach, coauteur de la Fresque des Nouveaux Récits, conférencier

Vous avez passé près d'un an à remettre à plat les principes pédagogiques de la Fresque du Climat. Dans quel but ?

À l'origine de l'association et du déploiement massif des ateliers, il y avait une croyance forte, inconsciente, qu'il suffisait de vulgariser les connaissances du Giec pour faire évoluer les pratiques et accélérer les bascules nécessaires à la préservation du Vivant. Mais si cela a fonctionné avec les premiers publics touchés par l'atelier, force est de constater que cela ne suffit plus maintenant. Il devient donc nécessaire de changer de paradigme et de passer à ce que j'appelle « l'augmentation du pouvoir d'agir et l'espérance en mouvement ».

Pour accompagner ce changement, nous avons prévu de procéder par étapes. À court terme, il s'agit de créer les conditions pour qu'un maximum d'animateurs de la Fresque soient en mesure d'engager leurs participants dans une « attitude optimiste, active et lucide », soit la réaction la plus féconde pour accélérer la transition à l'échelle de la société.

Que signifie concrètement cette attitude ?

Être « optimiste » sous-entend que l'on sort de l'atelier convaincu de l'utilité de l'action pour limiter le réchauffement mondial au plus près de 1,5 °C conformément à l'objectif adopté en 2015 dans les Accords de Paris de la COP21, que l'on est persuadé que chaque action contribue à façonner un futur plus désirable. Cela crée ainsi une prophétie autoréalisatrice vertueuse car elle favorise la mise en mouvement d'un nombre croissant d'êtres humains.

Être « actif » implique de lutter contre le sentiment d'impuissance qui est l'un des plus communément partagés par les personnes conscientes de la gravité de la situation, comme j'ai pu le constater lors des nombreuses fresques que j'ai animées[1]. Dans la mesure où aucun être humain ne dispose de tous les **leviers d'action**, le système changera d'autant plus vite qu'une part croissante de la société sera convaincue de sa capacité à agir.

Enfin, être « lucide » signifie que les personnes sont conscientes de la gravité de la situation (c'est l'habitabilité de la Terre pour l'humanité qui est menacée) et de la hauteur de la marche à franchir collectivement.

Quels diagnostics avez-vous réalisés pour aboutir à cette formalisation des nouveaux enjeux ?

Nous avons notamment échangé avec les animatrices et les animateurs ceinture bleue, soit les plus engagés dans le projet. Lors de ces discussions, certains ont présenté leurs cas de conscience à parler de défaitisme lorsqu'ils animaient une fresque. Ils confiaient par exemple partager à leurs participants, en atelier, le fait que l'objectif de limiter le réchauffement planétaire à 2 °C était désormais inatteignable. Or, partager cette croyance dessert le projet car elle s'apparente à une prophétie autoréalisatrice dysfonctionnelle. Ce discours, qui témoigne peut-être d'une souffrance d'un animateur, contribue donc à créer un « récit collectif » lui aussi dysfonctionnel.

Nous devons donc travailler sur deux volets : accroître l'impact des ateliers (volet impact) et prendre soin des animateurs et animatrices (volet *care*). Ces deux volets s'alimentent l'un l'autre et leur prise en compte équilibrée devrait permettre un déploiement fécond de la Fresque du Climat dans tous les pays et auprès de tous les groupes sociaux. D'où l'idée de concilier universalité de l'objectif avec la multiplicité des chemins pour l'atteindre, c'est-à-dire adapter les modalités d'animation des différentes parties de l'atelier en fonction des situations.

Concrètement, nous envisageons qu'à partir du niveau ceinture verte, les animatrices et animateurs soient invités à adapter l'atelier aux contextes

---

1. Benoît Rolland de Ravel a notamment participé à la sensibilisation de 80 000 personnes du Groupe EDF sur un total de 165 000 collaborateurs.

sociaux et géographiques dans lesquels ils s'inscrivent, et de diffuser ensuite les meilleures pratiques à l'ensemble de la communauté. Cette façon de procéder, qui s'appuiera sur des « ambassadeurs » implantés localement, paraît plus pertinente que de tout concevoir depuis Paris.

Comment prévoyez-vous de renforcer l'impact des ateliers ?

Augmenter l'impact des ateliers passe par la formation et l'accompagnement des animateurs : ils doivent donner un aperçu du monde d'après, en l'incarnant. Le parcours de formation va donc évoluer pour jouer sur les trois facteurs de l'impact d'une intervention : le *logos*, la capacité à mobiliser des connaissances (ordres de grandeurs, etc.) ; le *pathos*, la capacité à susciter des émotions ; et l'*ethos*, l'éthique, c'est-à-dire faire preuve d'exemplarité sur les sujets abordés pendant l'atelier.

Pour que les animatrices et les animateurs soient inspirants, ils ne doivent être ni épuisés par un engagement obsessionnel, ni tétanisés par un niveau d'écoanxiété trop élevé, ni faire preuve d'une attitude de domination ou de compétition vis-à-vis des participants. Pour éviter ces écueils, nous mettons actuellement en place un système immunitaire psychologique et collectif. Ce dernier n'est pas finalisé, mais les réflexions actuelles vont dans le sens d'une intégration de trois ateliers au parcours des animateurs : le premier sur l'écoanxiété, pour passer ceinture jaune ; le deuxième sur le *burn-out*, pour passer ceinture orange ; le dernier sur la gestion des conflits (avec la communication non violente), pour passer ceinture verte.

» Nous mettons actuellement en place un système immunitaire psychologique et collectif.

Que vont permettre ces nouveaux modules de formation ?

Ils servent tout d'abord à prendre soin de nos animateurs. La terminologie « système immunitaire psychologique et collectif » renvoie au fait de pouvoir repérer les signes annonciateurs d'un niveau trop élevé d'écoanxiété ou d'un *burn-out* sur eux-mêmes ou chez leurs pairs.

Chacun de ces modules sera doublé d'un e-mail contenant les meilleures ressources sur le sujet trouvées dans l'écosystème. Les animateurs seront libres d'approfondir l'atelier en fonction de leurs besoins. Par exemple, sur l'écoanxiété, la Maison des éco-anxieux[2] propose un test en ligne. Nous allons également renvoyer vers le MOOC de Carbone 4[3]. Enfin, nous proposerons une expérience immersive de type « travail qui relie » pour permettre aux animateurs d'entrer en contact avec des personnes ayant les mêmes préoccupations. Et c'est essentiel car le lien social fait partie intégrante du soin.

En quoi le lien social est-il fondamental ?

Participer à d'autres fresques et ateliers permet de rencontrer des personnes également motivées pour contribuer à accélérer la transition socio-écologique. C'est fondamental pour transitionner soi-même rapidement car les comportements de l'être humain, animal social, sont fortement influencés par son tissu relationnel. Cette idée est d'ailleurs souvent résumée à l'aide d'une phrase du coach Jim Rohn : « Nous sommes la somme des cinq personnes avec lesquelles nous passons le plus de temps. » Pour illustrer cette influence, prenons l'exemple d'un participant qui réalise une Fresque du Climat idéale, dont il ressort avec une attitude davantage optimiste, active et lucide sur le sujet du changement. Malgré cette réaction, il pourrait être difficile pour lui de transformer l'essai si sa famille et ses amis étaient **climatosceptiques**. Ce serait prendre le risque d'être rejeté par ses proches, de s'isoler socialement. D'où ce slogan : « Un transitionneur isolé est un transitionneur en danger. »

S'inscrire à des **fresques amies** participe de la conviction qu'un autre monde est possible ; les transitionneurs inspirants nous permettent d'incarner davantage, à notre tour, le rôle de pionniers du monde d'après.

”

2. https://eco-anxieux.fr/
3. https://www.carbone4.com/webinaire-eco-anxiete

L'écoanxiété, un phénomène récent en plein boom

En 2021, une équipe de chercheurs australo-néozélandaise dirigée par Teaghan Hogg a défini précisément l'**écoanxiété** comme « une détresse mentale et émotionnelle qu'un individu peut ressentir en réponse à la menace du changement climatique et aux problèmes environnementaux mondiaux ».

À partir de cette définition, ils ont établi l'échelle d'écoanxiété de Hogg (EEAH) qui permet de diagnostiquer cette souffrance et de la faire reconnaître par un praticien spécialisé en santé mentale. Le tableau clinique s'organise en quatre familles de symptômes :

Famille	Symptômes
Troubles affectifs (manifestations anxieuses)	Se sentir inquiet, effrayé, sur les nerfs, incapable de contrôler son inquiétude
Troubles cognitifs (ruminations)	Ne pas pouvoir s'empêcher de penser aux dommages subis et susceptibles d'être subis par l'environnement
Troubles comportementaux	Avoir du mal à travailler, à dormir, à passer du bon temps avec ses proches
Troubles conatifs (anxiété quant à son action personnelle)	S'inquiéter sur l'impact de ses modes de vie, de sa responsabilité personnelle sur l'environnement, craindre que son propre comportement ne règle pas le problème

La gravité de cet état psychologique peut être plus ou moins intense d'une personne à l'autre. Il ne s'agit pas d'une pathologie psychiatrique mais, si on la laisse perdurer et s'intensifier, elle peut entraîner des troubles anxieux ou une dépression réactionnelle. Selon la Maison des éco-anxieux, l'écoanxiété nécessite un accompagnement spécifique.

D'après La Maison des éco-anxieux, https://eco-anxieux.fr/

Objectif : **un million** de fresqueurs dans le monde !

- **Cédric Ringenbach**
- **Né en 327 ppm** (1972)
- **Statut :** auteur de la Fresque du Climat, ancien président de l'association, PDG de Blue Choice, ancien directeur du Shift Project, coach, marin et conférencier

Maintenant que ce cap du million de fresqués est atteint, quel est pour vous le nouvel objectif de la Fresque du Climat ?

Le nouveau challenge que j'ai lancé à la communauté est de former un million de fresqueurs. Lorsque j'avais formulé l'objectif d'un million de fresqués en 2018, nombreux étaient ceux qui doutaient. Nous l'avons néanmoins atteint en mars 2023, c'est-à-dire que nous avons multiplié le nombre de participants par 1 000 en 5 ans. Actuellement, dans les pays où la Fresque ne fait que démarrer, le nombre d'animateurs double tous les 6 mois, c'est-à-dire au même rythme qu'en France à ses débuts. Si on veut être ambitieux, je dirais que nous pouvons atteindre le million de fresqueurs d'ici à la fin 2026. Le projet a maintenant deux priorités : se développer horizontalement (volet international) et en profondeur (l'après-fresque).

Quelle est la stratégie de développement à l'international ? Quelles sont les modalités de financement ?

Nous nous sommes déjà implantés dans plus de 160 pays en seulement 5 ans d'existence. Mon ambition pour la Fresque est de passer à la vitesse supérieure à l'international grâce à une stratégie qui consiste à créer des structures nationales et à les doter de trois éléments : des moyens financiers, des contacts institutionnels et de l'autonomie.

Nous allons financer les structures des pays qui entament leur croissance exponentielle en nous appuyant sur les revenus de leurs homologues plus matures, en premier lieu sur la France qui a réalisé 8,5 millions de chiffre d'affaires en 2023. Quand nous avons débuté, nous n'avions aucun moyen et l'association a dû trouver son budget par elle-même. Elle n'a eu recours à aucune subvention, aucun mécénat, aucun *sponsoring*, mais a pu compter sur son modèle d'affaires unique. Elle a ainsi atteint sa taille actuelle mais, si on l'avait aidée au démarrage, elle aurait pu aller encore plus vite. L'enjeu pour les pays qui se lancent est d'obtenir une mise de départ pour constituer une équipe de salariés afin d'accélérer le mouvement.

La Fresque ayant déjà montré son potentiel en France, le *business plan* du déploiement international est très convaincant !

Outre l'aspect financier, comment comptez-vous aider les structures nationales à démarrer ?

En France, nous sommes passés de rien à tout en 5 ans. Notre objectif est de capitaliser sur notre réseau, à la fois via les instances, les ambassades ou les ministères français, relais potentiels des fresqueurs locaux, mais également via les réseaux internationaux (alliances françaises, scouts, Climate Reality Leaders, Global Shapers, Climate Corps, ambassadeurs de Climate Interactive, Climate ambassadors européens, Rotary et Lion's Club, Global Partnership for Education...). Il s'agit d'industrialiser et de systématiser les effets de réseau.

Quid *de l'autonomie de ces structures nationales ?*

Il n'y aura pas de mainmise sur les affaires nationales. La structure supranationale veillera simplement à ce que la gouvernance soit saine et garantisse le respect de la licence et des principes fondateurs de l'association, conformément au cahier des charges rédigé par le **fonds de dotation** (chapitre 5). Les pays ont des cultures et des contextes différents. Autant le constat scientifique ne dépend pas du lieu (il n'y a pas matière à modifier les cartes), autant le **débrief** devra s'adapter au contexte culturel, de même que la stratégie de déploiement. Chaque pays sera le laboratoire des adaptations de la Fresque.

Quels sont les pays prioritaires ?

L'enjeu principal : se déployer rapidement et fresquer le plus grand nombre car le premier principe fondateur de l'association est l'urgence climatique. Deux priorités nous guident donc : d'abord, les pays susceptibles de décoller vite parce qu'ils sont potentiellement des contributeurs financiers pour le projet, mais aussi les États les plus émetteurs de **GES**. Certains pays francophones et limitrophes de la France ont pris une longueur d'avance. C'est le cas de la Suisse, puisque les fresqueurs helvétiques – déjà immatriculés – ont remporté un prix de 100 000 francs suisses (chapitre 4) qui va accélérer leur développement. L'Allemagne, le Royaume-Uni, l'Espagne, la Chine, le Brésil et les États-Unis devraient suivre sous peu.

Quel sera le rôle du fonds de dotation dans ce déploiement international ?

Le rôle du **fonds de dotation** sera essentiel car c'est lui qui va rédiger le cahier des charges que les entités nationales devront respecter. Il n'a pas vocation à piloter ces entités – cette mission pourrait être prise en charge par une structure faîtière – mais il doit veiller au respect des principes fondateurs, de la licence et s'assurer que l'outil est exploité au maximum de son potentiel.

Le deuxième axe d'avenir concerne ce que vous appelez « l'après-fresque ». De quoi s'agit-il et quels sont les enjeux de cette phase ?

Il s'agit de renforcer les compétences des fresqueurs. Actuellement, ils acquièrent leurs connaissances par leurs propres moyens, via le MOOC et grâce aux questions que leur posent les participants lors des ateliers. Ces connaissances portent principalement sur les enjeux climatiques. L'objectif est maintenant qu'ils s'approprient les notions liées à la transition écologique.

> Les fresqueurs doivent devenir des experts de la transition écologique, et plus seulement du climat.

L'idée n'est pas de créer des nouveaux contenus, mais d'exploiter les contenus de qualité qui peuvent exister par ailleurs. Mon objectif est de mettre en place un mécanisme qui s'appuie sur la communauté des fresqueurs dans le but de collecter ces contenus, de les évaluer, de les filtrer, de déterminer s'ils doivent être obligatoires ou facultatifs et de les flécher dans le parcours du fresqueur. Il peut s'agir de vidéos, de rapports, de livres, de MOOC, etc.

Les **fresques amies** et les ateliers complémentaires pourront faire partie de ce parcours. On peut attendre d'un fresqueur ceinture orange qu'il ait déjà un certain nombre d'autres fresques de l'**écosystème** à son actif. Un animateur qui connaît d'autres ateliers pourra faire valoir son expérience au moment de son passage de ceinture verte.

Toutes ces actions permettront d'anticiper le moment où environ 10 à 30 % de la population d'un pays seront fresqués et où le mouvement s'essoufflera inévitablement. Les fresqueurs devront alors trouver d'autres activités et des façons de s'impliquer dans ce grand projet qu'est la transition. À un moment, le parcours du fresqueur deviendra d'ailleurs le « parcours du fresqué » et s'adressera à l'ensemble des participants.

Vous avez quitté la présidence de l'association française au début de l'année 2024. Comment voyez-vous désormais votre rôle dans le projet ?

En tant qu'initiateur du projet, je pense avoir un rôle incontestable à jouer dans la vision stratégique au sens large. Pas seulement en tant qu'auteur de la Fresque, mais aussi en tant que concepteur du modèle économique associé. C'est ce qu'on appelle le rôle de « personne-source », tel qu'il a été théorisé par Stefan Merckelbach dans l'ouvrage *Un Petit Livre rouge sur la source*[1]. La personne-source cumule trois fonctions : entrepreneur, guide et gardien des valeurs du projet.

La personne-source est d'abord un « entrepreneur » ; elle prend des risques pour mener à bien un projet. Cette notion rejoint celle de l'urgence climatique et justifie d'avancer rapidement pour déployer la Fresque le plus largement possible. Cela implique qu'on aille parfois trop vite et qu'on fasse des erreurs et je l'assume. Le **droit à l'erreur** fait partie des fondamentaux de l'association. Je constate qu'aujourd'hui cette prise de risque tend à s'estomper et c'est normal. Dans toutes les organisations, les personnes qui prennent le train en marche sont souvent plus prudentes, moins innovantes, moins audacieuses, mais elles peuvent apporter autre chose. C'est nécessaire pour passer à l'échelle, mais l'efficacité et l'agilité du projet ne doivent pas être sacrifiées pour autant.

Le « guide » est celui qui imprègne sa direction au projet au fil du temps. Dans un projet qui croît de + 400 % tous les ans, comme c'était le cas au

1. Aquilae, 2020.

début, il est très difficile de se projeter au-delà de 6 mois. C'est pourtant ce que j'ai dû faire lors des étapes clés. Je n'étais évidemment pas seul. J'ai souvent proposé des idées et j'ai constaté que les personnes autour de moi adhéraient à la plupart d'entre elles.

Le rôle de « gardien des valeurs » a également été le mien depuis le début. Ces valeurs, elles ont émergé de la communauté. J'ai juste capté l'énergie et la motivation des pionniers qui m'entouraient et verbalisé nos envies communes. En sont ressortis quatre principes fondateurs de l'association : l'urgence climatique, le respect de la science, l'humanisme et l'absence de tabou au sujet de l'argent (chapitres 1 et 5). C'est en quelque sorte le pacte fondateur de la Fresque du Climat.

Qu'est-ce qui vous inspire l'espoir que l'on peut s'en sortir ?

Je pense sincèrement que les meilleures idées pour sauver le monde vont venir de ceux qui pour le moment ne sont pas au courant qu'on a un problème. Pourtant, je déborde moi-même d'idées pour sauver le climat. Je travaille sur ce sujet depuis 15 ans. J'ai dirigé The Shift Project (chapitre 1) pendant 6 ans, j'ai donc été rémunéré à temps plein pour réfléchir aux moyens de décarboner l'économie, j'ai rencontré les plus grands experts et animé nombre de groupes de travail. Et malgré tout, je pense que les idées les plus novatrices viendront des nouvelles générations, qui prendront la relève quand nous aurons tout donné. Elles vont nous succéder avec plus de force, de fraîcheur et, pour partie, avec l'énergie du désespoir.

Et pourquoi je pense que ces personnes qui arrivent vont réussir là où, pour le moment, nous souffrons ? Pour une raison très simple, statistique : elles sont beaucoup plus nombreuses ! Il est donc de notre responsabilité d'aller les chercher.

”

POSTFACE

par François Gemenne
membre du Giec, professeur à HEC

Existe-t-il encore aujourd'hui une seule entreprise du CAC 40 qui n'ait organisé de Fresque du Climat pour ses employés, ses cadres ou ses administrateurs ? Chaque jour, je guette l'entrée de la Fresque du Climat dans les manuels de management d'entreprise, comme un élément essentiel de l'arsenal de tout dirigeant qui se respecte.

En discutant avec mes collègues étrangers, je suis régulièrement frappé de voir combien le niveau de sensibilisation et de formation aux enjeux climatiques est souvent plus élevé en France que dans bien d'autres pays. Cela tient sans doute à plusieurs facteurs : à la réforme du programme du lycée et l'introduction de cours sur l'écologie dans la plupart des universités et grandes écoles, à la présence régulière dans les médias de figures militantes et de chercheurs, mais aussi, sans aucun doute possible, à la Fresque du Climat. Cette impression empirique, nourrie de conversations lors de colloques ou de réunions du Giec, est d'ailleurs confirmée par des études : plusieurs notions liées au changement climatique sont mieux maîtrisées par les Français que par les citoyens d'autres pays.

Le succès de la Fresque du Climat se mesure aussi au nombre de ses petits : la Fresque de la Biodiversité, de l'Alimentation, des Frontières planétaires, de l'Eau, des Nouveaux récits, de l'Économie circulaire, des Déchets… Il y en a tellement que celui ou celle qui aurait participé à toutes les fresques serait désormais digne d'être élevé(e) à l'ordre national du Mérite. S'il existe autant de fresques et d'ateliers sur le climat, et plus globalement sur l'environnement, c'est parce que la Fresque du Climat s'est imposée comme un standard dans les formations sur l'environnement. Un moyen de comprendre l'essentiel en quelques heures.

Car l'essentiel, souvent, n'est pas compris, ou pas bien compris… et n'a pas été enseigné. Si les programmes scolaires et universitaires font aujourd'hui la part belle aux questions environnementales, cela n'a pas toujours été le cas.

Si chacun s'accorde à reconnaître que l'éducation est une des clés de la transition, nous sommes aussi tenus par l'urgence : nous n'avons simplement pas le temps d'attendre que celles et ceux qui sont jeunes aujourd'hui, et qui ont donc été formé(e)s à l'école ou à l'université sur ces questions, arrivent à des postes à responsabilités. La nécessité impérieuse de former celles et ceux qui exercent des postes à responsabilités s'impose maintenant. Et la Fresque du Climat a été un puissant vecteur de cette formation. Même si les militants réclament à cor et à cri que les dirigeants lisent les rapports du Giec, on comprend bien qu'il s'agit d'un vœu pieux et chimérique. Nul besoin, de surcroît, de maîtriser tous les ressorts de la physique du climat pour saisir les grands leviers d'action : la connaissance qu'offre la Fresque du Climat fournit le socle nécessaire à l'action.

Car la connaissance est une condition nécessaire, mais pas suffisante : et c'est ici qu'il importe de reconnaître la limite inhérente de la Fresque, comme de toute entreprise d'enseignement ou de formation. Si l'action contre le changement climatique reste aujourd'hui largement en deçà de ce que l'urgence et l'amplitude du problème commanderaient, ce n'est pas uniquement le fait d'un déficit de formation, mais aussi d'un manque de volonté. Il ne faudrait pas être naïf au point de penser que le déploiement massif de la Fresque, à lui seul, pourrait réduire les émissions de gaz à effet de serre. C'est un reproche qui a parfois été injustement adressé à la Fresque : la connaissance ne peut prétendre remplacer la volonté. Mais la volonté doit s'appuyer sur la connaissance pour être efficace, sans quoi elle sera vouée à l'échec, même avec les meilleures intentions du monde. Il importe désormais d'exporter la Fresque hors des frontières de l'Hexagone, particulièrement dans les pays où la connaissance des enjeux climatiques y est moins développée, ou non abordée dans les programmes scolaires et universitaires. Car si la Fresque a des limites, elle a aussi un formidable atout : sa capacité à s'exporter facilement, à se déployer n'importe où et à créer du lien.

Quand le sixième rapport d'évaluation du Giec a été publié, en mars 2023, j'avoue avoir été estomaqué en découvrant les éléments de langage proposés pour communiquer avec les médias : on ne trouvait là que des notions assez basiques, connues de longue date, qui me semblaient peu susceptibles d'intéresser les journalistes ou le public français. Je m'en suis ému auprès des attachés de presse, qui m'ont rappelé que les éléments de langage étaient destinés au monde entier. Et que bien des pays ne possédaient pas le niveau de connaissance et de sensibilisation sur le changement climatique atteint en France. C'est là, peut-être, que se trouve à la fois la plus belle reconnaissance de l'impact de la Fresque, mais aussi son plus grand défi.

PETIT GLOSSAIRE DE L'ÉCOSYSTÈME FRESQUE DU CLIMAT

Adaptation : stratégie qui concerne les effets du changement climatique et qui vise à apprendre à vivre avec.

Albédo : pouvoir réfléchissant d'une surface. L'effet albédo permet de renvoyer une partie de l'énergie solaire reçue vers les hautes couches de l'atmosphère. L'albédo de la Terre est de 31 % en moyenne.

Alignement tête-cœur-corps : approche pédagogique passant par la prise de conscience (tête), le ressenti (cœur) et l'action (corps).

Animateur ou animatrice : *voir fresqueur ou fresqueuse.*

Atténuation : stratégie qui concerne les causes du changement climatique et qui vise à limiter le réchauffement

Biais cognitif : mécanisme de la pensée qui dévie de la pensée logique ou rationnelle.

Ceinture : grade attribué à chaque animateur selon son expérience de l'atelier et ses connaissances sur le climat.

Climatoscepticisme : refus d'accepter l'existence du dérèglement climatique ou de son origine humaine.

Communs (ou biens communs) : ressources gérées collectivement par une communauté qui met en place une gouvernance et des règles pour les protéger. Les communs peuvent concerner la biodiversité, la qualité de l'air ou le cycle de l'eau, mais il peut aussi s'agir de résilience des territoires ou de protocoles *open source* de mesure des économies d'énergie. Les communs incluent à la fois des biens communs et les interactions sociales, économiques et culturelles au sein de la communauté qui prend soin de cette ressource.

COP : Conférence des Parties. Rendez-vous internationaux dont le but est de vérifier annuellement l'application des objectifs de la convention-cadre des Nations Unies sur les changements climatiques.

Débrief : quatrième et dernière phase de l'atelier qui permet aux participants de proposer des solutions pour agir contre le dérèglement climatique.

Dissonance cognitive : situation dans laquelle se trouve une personne lorsque les circonstances l'amènent à agir en désaccord avec ses croyances. Cette personne éprouve alors un état de tension inconfortable.

Doocratie : un des principes du « Swarmwise ». De « *to do* » qui signifie « faire » en anglais et -cratie, le pouvoir en grec. Consiste à laisser faire ceux qui agissent, à permettre à une personne de suivre le cours de son idée sans lui demander d'agir autrement.

Droit à l'erreur : mode de fonctionnement dans lequel les erreurs sont considérées comme des étapes vers l'amélioration. Le droit à l'erreur ne peut exister que dans un environnement où la prise de risque est valorisée et non sanctionnée.

Duplication : un des principes du « Swarmwise » qui stipule qu'une initiative peut être prise deux fois par des personnes et à des endroits différents. La redondance n'a pas d'importance et, *in fine*, la meilleure solution s'imposera d'elle-même.

Écoanxiété : détresse mentale et émotionnelle qu'un individu peut ressentir en réponse à la menace du changement climatique et aux problèmes environnementaux mondiaux.

Écosystème : ensemble d'êtres vivants qui interagissent et évoluent au sein d'un milieu avec lequel ils interagissent aussi. Par extrapolation, la Fresque du Climat et les fresques amies font partie du même « écosystème ».

Effet Dunning-Kruger : biais cognitif par lequel les personnes les moins qualifiées dans un domaine surestiment leurs compétences et sous-estiment celles des autres alors que celles qui maîtrisent davantage un sujet ont tendance à sous-estimer leurs compétences et à surestimer celles des autres.

Exponentielle : terme qualifiant la croissance de la Fresque du Climat dans ses premières années, aussi bien pour décrire l'évolution du nombre de participants que d'animateurs ou de pays où l'atelier est présent.

Fonds de dotation : outil philanthropique destiné à collecter des dons pour aider un autre organisme à but non lucratif à réaliser une œuvre ou une mission d'intérêt général.

Formateur ou formatrice : animateur à même de former de futurs pairs. Dans le système Fresque du Climat, cela correspond au grade de ceinture verte.

Fresqué ou fresquée : personne ayant participé à un atelier de la Fresque du Climat.

Fresque Adulte : version de base de la Fresque du Climat.

Fresque Expert : jeu complémentaire de cartes permettant aux animateurs d'approfondir leurs connaissances sur le climat.

Fresque Junior : version de la Fresque du Climat adaptée au jeune public (9-14 ans).

Fresque Quiz : adaptation de la Fresque du Climat permettant de faire découvrir rapidement le jeu au public notamment de passage lors d'un événement (exposition, conférence ou festival).

Fresque Simplifiée : version de la Fresque du Climat dont les cartes les plus complexes ont été retirées pour faciliter le déroulement du jeu.

Fresques amies : fresques ou ateliers portant sur un thème connexe au climat (écologique ou sociétal) reprenant et adaptant tout ou partie des principes pédagogiques de la Fresque du

Climat et dont la communauté des animateurs a tissé des liens avec celle des fresqueurs.

Fresqueur ou fresqueuse : animateur ou animatrice de l'atelier de la Fresque du Climat.

Fresqueur professionnel ou fresqueuse professionnelle : animateur ou animatrice qui organise des ateliers payants de la Fresque du Climat au sein d'organisations (entreprises, associations, collectivités...).

GES : gaz à effet de serre. Composants gazeux qui contribuent à l'effet de serre responsable du dérèglement climatique en absorbant une partie du rayonnement infrarouge émis par la surface terrestre.

Giec : Groupe intergouvernemental d'experts sur l'évolution du climat. Les cartes de la Fresque du Climat sont établies en fonction des rapports publiés par cet organisme intergouvernemental.

Greenwashing : « verdissage » ou écoblanchiment. Méthode de marketing et de communication consistant à faire état, de manière trompeuse, de bonnes pratiques écologiques pour améliorer son image de marque ou sa réputation.

Instructeur ou instructrice : formateur de formateurs. Animateur ou animatrice à même de former des formateurs. Dans le système Fresque du climat, cela correspond au grade de ceinture bleue.

Intelligence collective : un des principes clés de l'atelier qui permet aux participants et participantes de partager et de corriger leurs connaissances : se tromper, se corriger, ne pas être d'accord et débattre sont autant d'actions qui contribuent à l'intelligence collective.

Levier d'action : moyen d'agir sur un système en venant à bout de ses résistances, de le corriger ou d'en renforcer les effets.

Liens de cause à effet : relations entre des phénomènes et, par extension, liens entre les différentes cartes du jeu de la Fresque du Climat que les membres d'un atelier doivent établir au cours de la session.

Limites planétaires : conditions participant à l'équilibre propice à la vie aussi bien humaine que non humaine. Définies par la communauté scientifique, ces limites sont au nombre de neuf et interagissent.

Mandat du Climat : programme d'accompagnement spécifique de la Fresque du Climat pour les élus et leurs collaborateurs.

Matrice des solutions : tableau parfois réalisé lors du débrief (quatrième phase de l'atelier) qui reprend les solutions proposées par les participants et participantes selon leur efficacité et leur difficulté de mise en œuvre.

Parcours du fresqueur : programme de formation des animateurs de la Fresque du Climat composé de plusieurs niveaux. Chaque niveau, représenté par une ceinture, est attribué selon l'expérience de l'animateur et ses connaissances sur le climat.

Partie créative (d'une fresque) : deuxième phase de l'atelier où les participants illustrent et donnent un titre à leur fresque. Cette partie permet de mieux assimiler les connaissances vues dans la partie intellectuelle.

Partie intellectuelle (d'une fresque) : première phase de l'atelier où les cartes sont lues et positionnées sur la fresque par les participants. C'est la partie la plus scientifique du jeu.

PPM : partie par million. Unité de mesure de concentration en volume notamment utilisée pour calculer la concentration de CO_2 dans l'air.

Référent ou référente : animateur ou animatrice nommé(e) par l'association de la Fresque du Climat pour faire vivre une communauté de fresqueurs et de fresqueuses dans une zone géographique définie (ville, région, pays…).

Règle de trois : un des principes du « Swarmwise » qui stipule que trois personnes qui s'autoproclament légitimes peuvent prendre des décisions qui engagent toute la communauté.

Rentrée Climat : programme de déploiement de la Fresque du Climat dans l'enseignement supérieur et secondaire.

Restitution : point d'orgue de la partie créative de l'atelier qui permet de résumer les enseignements tirés de la première phase (partie intellectuelle).

Rétroaction négative/positive : processus qui minimise ou amplifie un effet initial. On parle également de « boucles de rétroaction ».

Sobriété : modération ou réserve. Appliqué ici au mode de vie, ce principe vise à réduire ses besoins, et donc sa consommation.

Swarmwise : littéralement sagesse de l'essaim. Principe d'organisation basé sur l'intelligence collective, la transparence et l'innovation utilisée par la Fresque du Climat. Conçu par Rick Falkvinge, ce mode d'organisation a été initialement mis en place en 2006 par le parti Pirate suédois.

Technosolutionnisme : idée selon laquelle l'innovation technologique pourrait résoudre les problèmes sociaux et écologiques qu'elle a souvent contribué à créer.

Tour des émotions : troisième phase de l'atelier où les participants expriment les émotions ressenties lors de la session.

Transparence : un des principes du « Swarmwise » qui assure un autocontrôle par les pairs avec l'idée qu'on ne fait pas n'importe quoi quand les choses se voient.

Troubles conatifs : symptômes liés à une réduction des capacités d'effort, d'initiative et à une dégradation de la volonté d'agir.

BIBLIOGRAPHIE/WEBOGRAPHIE

Rapports, études et livres blancs

2tonnes Association, consultation nationale : https://abc-transitionbascarbone.fr/

Ademe, Appel à communs : https://resilience-territoire.ademe.fr/communs/

Conseil économique, social et environnemental (CESE), rapport final de la Convention citoyenne pour le climat (CCC) : https://www.lecese.fr/sites/default/files/pdf/Convention/ccc-rapport-final.pdf

Groupe d'experts intergouvernemental sur l'évolution du climat ou IPCC (Intergovernmental Panel on Climate Change), rapports en anglais : https://www.ipcc.ch/

La Fresque du Climat, rapport d'activité 2022 de l'association, « Live du Million », mars 2023.

Les Collectifs, « Atlas des Actions », https://www.les-collectifs.eco/atlas

Sciences Po Paris et Cevipof, étude « Fractures françaises », 2023, https://www.sciencespo.fr/cevipof/sites/sciencespo.fr.cevipof/files/Ipsos%20Sopra%20Steria%20-%20Fractures%20Franc%cc%a7aises%20-%20septembre_2023.pdf

Stockholm Resilience Centre, rapport sur les limites planétaires, 2023, https://www.stockholmresilience.org

Stratégie française bas carbone : https://www.ecologie.gouv.fr/strategie-nationale-bas-carbone-snbc

Articles

Foucart, S., « La Fresque du Climat invisibilise les racines politiques et idéologiques du réchauffement », *Le Monde*, 23 avril 2023, https://www.lemonde.fr/idees/article/2023/04/23/la-fresque-du-climat-invisibilise-les-racines-politiques-et-ideologiques-du-rechauffement_6170675_3232.html

Sur l'effet Dunning-Kruger, Kruger, J. et Dunning, D., « Unskilled and unaware of it: difficulties of recognizing one's own incompetence lead to inflated self-assessment », *Journal of Personality and Social Psychology*, 1999, n° 77, vol. 6, p. 1121 à 1134, https://doi.org/10.1037/0022-3514.77.6.1121

Les Collectifs, « La raison d'être des collectifs », tribune, *Les Echos*, 15 avril 2021.

Nations Unies, « Inégalités entre les sexes et changements climatiques : des enjeux étroitement liés », https://www.unwomen.org/fr/nouvelles/article-explicatif/2022/03/inegalites-entre-les-sexes-et-changements-climatiques-des-enjeux-etroitement-lies

Nations Unies, Balgis Osman-Elasha, « Les femmes... dans le contexte des changements climatiques », https://www.un.org/fr/chronicle/article/le-femmes-dans-le-contexte-des-changements-climatiques

Oxfam France, « La théorie du donut : une nouvelle économie est possible » : https://www.oxfamfrance.org/actualite/la-theorie-du-donut-une-nouvelle-economie-est-possible/

Ringenbach, C., « La fresque du climat est-elle trop dépolitisée ? », tribune, 1er juin 2023 sur le site de *Novethic*, https://www.novethic.fr/actualite/environnement/climat/isr-rse/la-fresque-du-climat-est-elle-trop-depolitisee-reponse-dans-une-tribune-exclusive-151546.html

Ouvrages

Amata-Dion, I. et Henrion, X., *Horizons climatiques. Rencontre avec 9 scientifiques du Giec*, Glénat BD, 2024.

Bernard, F. et Sevestre, H., *Demain, c'est nous : plaidoyer pour l'éducation au changement climatique*, Éditions du Faubourg, 2023.

BonPote, Brès, A., Marc, C., *Tout comprendre (ou presque) sur le climat*, CNRS Éditions, 2022.

Falkvinge, R., *Swarmwise: The Tactical Manual to Changing the World*, CreateSpace, 2013.

Gemenne, F. et Rankovic, A., *Atlas de l'anthropocène*, Presses de Sciences Po, 2019.

Gemenne, F., *L'Écologie n'est pas un consensus*, Fayard, 2022.

Grandcolas, P., Marc, C., *Tout comprendre (ou presque) sur la biodiversité*, CNRS Éditions, 2023.

Jancovici, J.-M. et Blain, C., *Le Monde sans fin, miracle énergétique et dérive climatique*, Dargaud, 2021.

Merckelbach, S., *Un petit livre rouge sur la source*, Aquilae, 2020.

Moukheiber, A., in *Objectif : Mars ! Petit manuel à l'usage des entrepreneurs qui rêvent de conquérir le monde*, de Martinaud, B. et Bloch, A., Pearson, 2022.

Ringenbach, C. et Pigache, P.-L., *La Fresque du Climat*, cycle 3 (CM1, CM2 et 6e), Jeu pédagogique, Bordas, 2024.

Sevestre, H., *Sentinelle du climat*, HarperCollins, 2023.

Scénarios, projections et calculateurs d'empreinte carbone

Ademe, base Empreinte : https://base-empreinte.ademe.fr/aide/decouverte

Calculateur MyCO2 de Carbone 4 : https://www.myco2.fr/

Calculateur NosGEStesClimat de l'Ademe : https://nosgestesclimat.fr/

Outil de visualisation du réchauffement climatique : Warming Stripes, Ed Hawkins, University of Reading, https://showyourstripes.info/

Scénario Net Zero de l'Agence internationale de l'énergie (AIE) : www.iea.org

Documents et outils internes de la Fresque du Climat

« Guide d'autoformation », juin 2020, https://fresqueduclimat.org et https://association.climatefresk.org/resources

Impression des cartes : https://fresqueduclimat.org/generer-un-pdf-imprimable/

Mémo Fresque du Climat (en anglais) : https://memo.climatefresk.org/en-GB/v9.0/cards/grid

MOOC de la Fresque du Climat, https://fresqueduclimat.org et https://www.youtube.com/channel/UCw_KCuKL90bxPw4_sD7KBdQ

Autres sites institutionnels et associatifs

Conférence de la jeunesse sur le climat (Conference of Youth) : https://unfccc.int/topics/education-and-youth/youngo/coy

Fondation Clima Now (Suisse), https://climanow.ch/en/

La Maison des éco-anxieux, https://eco-anxieux.fr/

Météo France Martinique, https://meteofrance.mq/fr

Office français de la biodiversité (OFB) : https://www.ofb.gouv.fr/actualites/la-fresque-de-la-biodiversite-une-experience-ludique-pour-agir-en-faveur-de-la

Plateforme intergouvernementale scientifique et politique sur la biodiversité et les services écosystémiques (IPBES) : https://www.ipbes.net/

The Shift Project, https://theshiftproject.org/en/home/

REMERCIEMENTS

Nous remercions celles et ceux qui ont contribué à la qualité de cet ouvrage par leurs témoignages et leurs apports scientifiques. Par ordre d'apparition :

Frédéric Giuli, Charles Sirot, Laure Bertrand, Sakina Pen Point, Benoît Marienval, Vanessa Filhol, Thomas Dayraud, Antoine Rabain, Quentin Bordet, Romane Anquetil, Renaud Bonnel, François Laugier, Laura Foglia, Frédérik Jobert, Anastasia Dereppe, Clara Crenn, Martine Lheureux, Benoît Rolland de Ravel, Albert Moukheiber, Nicolas Froissard.

Merci également à : Éric Duverger, fondateur de la Convention des entreprises pour le climat (CEC), Grégoire Carpentier (The Shifters), ainsi qu'à Isabelle Ly, directrice de la communication, et Nicolas Froissard, directeur général de l'association La Fresque du Climat, pour la mise à disposition des données et documents nécessaires à la rédaction ; Virginie Berthebaud et Pauline de Tonnac, de Blue Choice, pour leurs précieuses relectures techniques ; Mary-Lou Mauricio pour ses portraits « Born in PPM » aussi beaux qu'engagés ainsi que ses photos d'ateliers, Pierre Peyretou, fresqueur, pour l'adaptation de son schéma « Triangle de l'inaction » ; Marie Pourquery de Boisserin ; Michaël Doré et Valentine Montazel, membres de la Fresque du Climat ; Marine Soichot et Aloïs Le Noan, pour leur aide précieuse ; Claudia Mericskay, pour sa relecture ortho-typographique ; Johanne Fontaine d'IDT (mise en page) et Carl Brand (couverture).

Un grand merci à notre préfacière, Heïdi Sevestre, et à notre postfacier, François Gemenne, qui nous ont fait l'honneur d'enrichir ce livre par leur analyse, leur recul et leur humour.

Enfin, nous tenons à remercier la grande communauté des fresqueuses et fresqueurs dont la confiance et le travail nous honorent et nous obligent.

Julie Nicolas remercie tout particulièrement Ludovic Richard, ainsi que Jeanne et Anaïs, pour leur soutien sans faille, et toutes les « Bouées » pour leurs encouragements.

Julien Jean-Pierre tient également à remercier Christelle, Pascal Duez, Nicolas Méron et Elsa Georgelin.

Cédric Ringenbach remercie chaleureusement la gouvernance de l'association pour son soutien sur ce projet.

INDEX

Les numéros de page en **gras bleu** *correspondent aux définitions présentes dans le glossaire.*

CRÉDITS ICONOGRAPHIQUES

p. VII : © ChangeNOW ; p. 2 : © IPCC/GIEC ; p. 4 : © IPCC/GIEC ; p. 5 : © Mary-Lou Mauricio ; p. 6 haut : © Mary-Lou Mauricio ; p. 6 bas : © Picteorico/Shutterstock ; p. 7 haut : © Mary-Lou Mauricio ; p. 7 bas : © Fresqueduclimat.org ; p. 8 haut : © Fresqueduclimat.org ; p. 8 bas : © Julie Nicolas ; p. 9 : © Cédric Ringenbach ; p. 11 : © Cédric Ringenbach ; p. 12 : © Cédric Ringenbach (Illustration de la carte n° 23 : © Noaa) ; p. 13 : © International Panel on Climate Change (IPCC) ; p. 18 : © Blue Choice ; p. 23 : © Born in PPM, Mary-Lou Mauricio ; p. 27 : © Agnès Colombo ; p. 31 : © Lefebvre-Dalloz ; p. 37 et 39 : © Fresqueduclimat.org (visuels adaptés par Valérie Le Roux) ; p. 40 : © Cédric Ringenbach (Photo de la carte n° 18 : © NASA) ; p. 41 : schéma : © Fresqueduclimat.org, cartes : © Cédric Ringenbach ; p. 42 haut : schéma : © Fresqueduclimat.org, cartes : © Cédric Ringenbach ; p. 42 bas : © Fresqueduclimat.org ; p. 49 : © OID ; p. 52 : © Anastasia Dereppe ; p. 57 : pictogrammes : Tête : © Lidiia Koval/Shutterstock, Cœur : © Random Illustrator/Shutterstock, Corps : © Elena3567/Shutterstock ; p. 58 : © Camille Filhol ; p. 69 : © Born in PPM, Mary-Lou Mauricio ; p. 73 : © Geckosphere ; p. 77 : © BCG ; p. 81 : © Romane Anquetil ; p. 86 : © Fresque de la Mobilité ; p. 88 : © Fresque des Nouveaux Récits ; p. 89 : © Atelier 2tonnes ; p. 90 : © Fresqueduclimat.org (planisphère en filigrane : © Naeblys/Shutterstock) ; p. 91 : © La Fresque du Climat, Fresqueduclimat.org ; p. 92 : © La Fresque du Climat, Fresqueduclimat.org ; p. 94 : © Cédric Ringenbach, www.climatefresk.org ; p. 97 : © Mary-Lou Mauricio ; p. 101 : © Sophie Jourdain ; p. 105 : © Oxfam ; p. 106 : © The Shift Project ; p. 108 : © Fresque de la Mobilité ; p. 118 : © Born in PPM, Mary-Lou Mauricio ; p. 122 : conception du schéma : © Pierre Peyretou ; illustrations : famille : © NTL studio/Shutterstock, sens interdit : © Anonimni/Shutterstock, usine : © HappyPictures/Shutterstock , drapeau : © mariakray/Shutterstock ; p. 132 : © Sébastien Trasbot ; p. 138 : © Rapport du Stockholm Resilience Centre ; p. 142 : © Fresqueduclimat.org ; p. 145 : © Fresqueduclimat.org ; p. 148 : © Fresqueduclimat.org ; p. 155 : © Nicolas Froissard ; p. 164 : © Blue Choice.